Ordem Cósmica

Ordem Cosmica

Julio Cesar Assis

Ordem Cósmica

História de uma Ideia

Labrador
UNIVERSITÁRIO

Copyright © 2020 de Julio Cesar Assis
Todos os direitos desta edição reservados à Editora Labrador.

Coordenação editorial
Erika Nakahata

Revisão
Daniela Georgeto

Projeto gráfico, diagramação e capa
Pedro Antônio

Imagem de capa
O Logos ordena o cosmo
Codex Vindobonensis (França, c. 1250)
Biblioteca Nacional da Áustria

Assistência editorial
Gabriela Castro

Imagens de miolo
Wikimedia Commons
https://commons.wikimedia.org/wiki/Main_Page

Preparação de texto
Isabel Silva

Dados Internacionais de Catalogação na Publicação (CIP)
Angélica Ilacqua — CRB-8/7057

Assis, Julio Cesar
  Ordem cósmica : história de uma ideia / Julio Cesar Assis. — São Paulo : Labrador, 2020.
  136 p.

  ISBN 978-65-5044-041-1

  1. História intelectual 2. Ciência – História 3. Ciência – Filosofia I. Título

  19-2792   CDD 100

Índice para catálogo sistemático:
1. Ordem cósmica : História

EDITORA Labrador

Editora Labrador
Diretor editorial: Daniel Pinsky
Rua Dr. José Elias, 520 – Alto da Lapa
05083-030 – São Paulo – SP
+55 (11) 3641-7446
contato@editoralabrador.com.br
www.editoralabrador.com.br
facebook.com/editoralabrador
instagram.com/editoralabrador

A reprodução de qualquer parte desta obra é ilegal e configura uma apropriação indevida dos direitos intelectuais e patrimoniais do autor.

A editora não é responsável pelo conteúdo deste livro. O autor conhece os fatos narrados, pelos quais é responsável, assim como se responsabiliza pelos juízos emitidos.

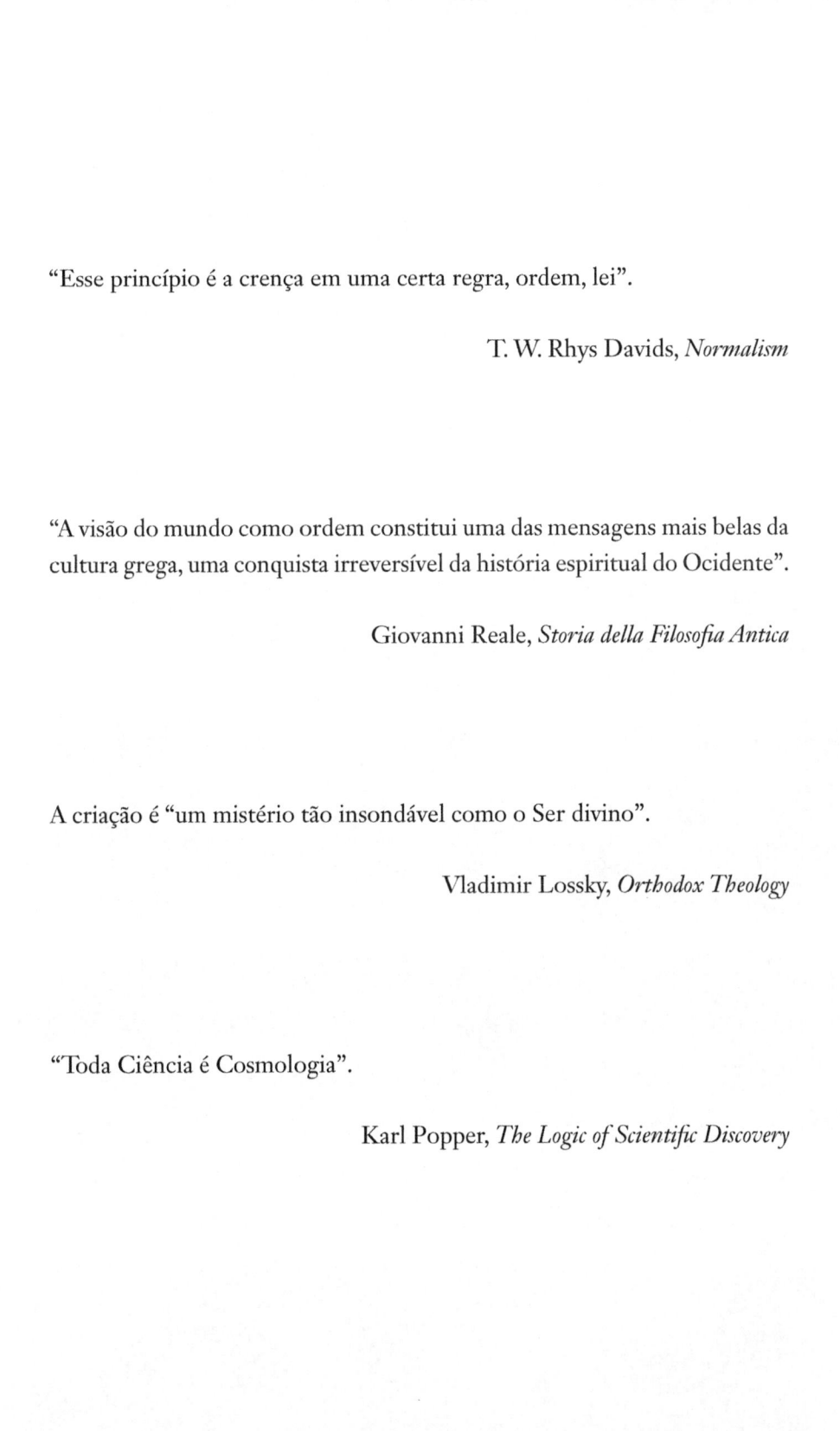

"Esse princípio é a crença em uma certa regra, ordem, lei".

T. W. Rhys Davids, *Normalism*

"A visão do mundo como ordem constitui uma das mensagens mais belas da cultura grega, uma conquista irreversível da história espiritual do Ocidente".

Giovanni Reale, *Storia della Filosofia Antica*

A criação é "um mistério tão insondável como o Ser divino".

Vladimir Lossky, *Orthodox Theology*

"Toda Ciência é Cosmologia".

Karl Popper, *The Logic of Scientific Discovery*

SUMÁRIO

Premissa 9

Cosmovisão 13
Lei Cósmica no Pensamento Antigo 13
Normalismo — Thomas William Rhys Davids 14

Mesoamérica 20
Movimento 20

Oriente 32
Curso 32
Terra Pura 42

Indo-Europeus 45
Norma 45
Rito 50

Crescente Fértil 56
Retitude 56
Hino a Amon-Ra 67
Estatuto 69
Sabedoria 75
Aliança 79
Logos 86

Ciência 100
Ciência e Cosmo 100

Leis da Natureza 104
Escólio Geral dos *Principia* 108
Teologia do *Escólio Geral* — Isaac Newton 111
Relógios e nuvens 113

Síntese 115
Substrato do universo 116
Fundamento da sociedade 118
Complementaridade 120
Naturalidade 123
Inefabilidade 124
Elaborar a Ordem Cósmica 125

Bibliografia 129

PREMISSA

Ética evoca conceitos como "correto", "direito" e "justo", empregados no cotidiano naturalmente sem a consciência de que as palavras que os veiculam são abstrações de realidades de início concretas. "Reto" no sentido espacial de "plano" produz "correto", "direito" e Direito. "Justo" provém do que está "ajustado" como uma roda em seu eixo. Não é evidente de imediato que "rito" se relaciona etimologicamente com os "raios" de uma roda de carruagem. "Raio" por sua vez liga-se a "rei", pois a autoridade real se irradiaria como raios de luz.

"Em grego a proposição 'Deus é luz' é uma proposição predicativa, mas em latim, como em francês, ela se torna uma tautologia, pois 'Deus' significa precisamente 'luz' ou 'ser luminoso'. Com efeito, as palavras *deva*, *Zeus* (*Dios* no genitivo), *deus*, *Jupiter*, *dies*, *dieu*, *dia* em sânscrito, grego e latim derivam todas da raiz indo-europeia *dei*, que gerou os temas *dei-wo*, 'céu luminoso considerado como uma divindade' e *dyew*, 'deus luminoso do dia'."[1]

"Mundo" provém do latim *mundus*, "puro". A poluição dessa pureza torna-o imundo.

Esses termos se relacionam com a ordem cósmica, que não é uma "ideia" no sentido de um conteúdo psíquico subjetivo, uma hipótese, teoria ou noção abstrata, mas sim uma realidade objetiva.

"Uma única harmonia ordena a composição do todo o céu e a terra e todo o universo – por meio da mistura dos princípios mais contrários: o seco com o

---

1. CHENIQUE, F. *Sagesse Chétienne & Mystique Orientale*, p. 458.

úmido, o quente com o frio, o leve com o pesado, o reto com o curvo. Uma única força penetrando através de todas as coisas ordenou toda a terra e o mar, o éter, o Sol, a Lua e todo o céu, construindo todo o cosmo a partir de elementos separados e diversos, do ar, da terra, do fogo e da água, mantendo-os em uma superfície esférica, levando as naturezas mais opostas nele contidas a concordarem entre si e obtendo a preservação do todo. A causa dessa preservação é a concordância dos elementos e a causa da concordância é o equilíbrio entre eles e o fato de que nenhum supera o outro em poder. Pois o pesado e o leve, o frio e o quente se equilibram reciprocamente, já que a Natureza nos ensina em relação a esses assuntos importantes que a igualdade é o que mantém a concórdia e a concórdia mantém o cosmo, o pai de todas as coisas e superlativamente belo. Pois que ente haveria melhor que o cosmo? Qualquer coisa que se mencione faz parte dele. Tudo que é belo e bem organizado recebe seu nome, pois 'adornado' provém da palavra *kosmos*."[2]

A etimologia da expressão "ideia de ordem cósmica" revela que o termo inicial provém do grego: "ideia, de *idein*, que quer dizer *ver*, corresponde a *forma* [em latim]. Primeiro significa a forma sensível em geral, depois, na linguagem filosófica, assume significado técnico ontológico e metafísico".[3] "Ordem" deriva do latim *ordo*, urdir os fios de um tear e *ordo* de *ordiri*, "começar a tecer". "Cósmica" é uma adjetivação do substantivo grego *kosmos*, "adorno".

---

2. PSEUDO-ARISTOTELES. *De Mundo*, cap. 5. Escrito c. 300 a.C. refletindo a doutrina estoica do *logos*.
3. REALE, G. *História da Filosofia Antiga*, 1995, v. 5, p. 131.

Urdidura adornada: tecelagem *ikat* em seda, Uzbequistão, meados do século XIX

"Adorno" nem sempre trouxe a conotação ulterior de um valor estético não essencial ou desnecessário. O museólogo e escritor hindu Ananda Coomaraswamy sustenta que nas sociedades tradicionais não havia distinção entre belas artes e artes aplicadas, entre artista e artesão.[4] "Artifício" significa "ardil", mas na origem *artificium* denotava "objeto de arte". Adornar um artefato é completá-lo visando sua finalidade prática e significado simbólico.

A ordem cósmica é uma urdidura adornada funcionalmente com estrelas, cristais, flores, flocos de neve e seres humanos. Um tratado hermético sugere

---

4. COOMARASWAMY, A. K. *Traditional Art and Symbolism*, 1986.

que o mundo é um cosmo quando adornado pela presença da humanidade. "Deus, tendo feito o mundo, desejou adorná-lo e enviou o ser humano como ornamento do corpo divino".[5]

São abordadas incidências da ideia de ordem cósmica em centros culturais do mundo antigo como México, China, Japão, Egito, Suméria, Israel e sociedades com idiomas indo-europeus como Índia, Grécia e Roma. Especial atenção merece o Crescente Fértil de ideias, como a escrita, o alfabeto e a concepção de leis da Natureza, que informa a questão da ordem cósmica na Ciência.

O prisma da História das Ideias, iluminado pelas contribuições de especialistas de outras áreas, permite compreender a relevância da ordem cósmica nas civilizações antigas. O tema requer o estudo da Gramatologia dos hieróglifos e demais logogramas e da Etimologia dos termos que exprimem a ordem cósmica, bem como da mitologia e da ritualística pertinentes. Historiadores e filósofos da Ciência demonstram a relevância de mitos e rituais na compreensão do que a precedeu historicamente.[6] Também o que a Ciência deixou de receber dessas tradições, como o caráter sagrado da ordem cósmica e sua relação com a Ética.

---

5. *Crater* (Taça), *Corpus Hermeticum* IV, 1-2. *In*: DODD, C. H. *The Interpretation of the Fourth Gospel*, p. 27.
6. Através do Confucionismo o conceito de Tao informou a Astronomia, a Matemática e a Engenharia Hidráulica, relevantes para a burocracia estatal. Por meio do Taoismo influiu na Biologia, na Química, na Medicina, na Física e na Geologia. NEEDHAM, J. *Science & Civilisation in China*, 1956, v. 2.

COSMOVISÃO

Lei Cósmica no Pensamento Antigo

O final de 1917 foi um momento delicado para a Inglaterra na Primeira Guerra Mundial, pois a Alemanha derrotara a Rússia e os soldados norte-americanos ainda não haviam chegado à Europa. Foi nesse clima que em 7 de novembro de 1917 o orientalista Thomas William Rhys Davids (1843-1922) apresentou na British Academy em Londres seu ensaio *Cosmic Law in Ancient Thought*, que seria publicado em 1919.[7]

Em seus estudos de Religião Comparada, Rhys Davids deparou-se não apenas com referências a deuses, demônios, almas, espíritos e outras entidades personificadas, mas também com o que ele denominou Normalismo, a concepção de uma norma que rege a ordem universal e seu reflexo na situação do ser humano no mundo.

Apresentado discretamente em uma época pouco favorável, *Cosmic Law in Ancient Thought* deixou de ser valorizado como merecia e as ideias originais que avançou foram aproveitadas posteriormente por outros autores sem referência a Rhys Davids.[8] Um resumo desse ensaio foi publicado em 1921 sob o título *Normalism*, introduzindo a tradução de um sutra budista.

---

7. *Journal of the Pali Text Society*, 1919, p. 26-39.
8. Uma exceção é Joseph Needham em *Science & Civilisation in China*, v. 2, p. 571.

Normalismo[9]

Thomas William Rhys Davids

"Toda a história da religião, na Índia como em outros lugares, tem sido a história de uma luta entre as ideias ou grupo de ideias opostas que podem ser resumidas pelas palavras Animismo e Normalismo.

Animismo tornou-se agora um termo bem conhecido. É baseado na hipótese muito antiga de uma alma – um homúnculo ou manequim de matéria sutil que supostamente viveria no coração do ser humano. Isso fornecia o que parecia ser uma explicação simples e autoevidente para muitas coisas misteriosas. Quando em seu sonho um homem via um outro que ele sabia que estava morto, quando o sonhador acordava imediatamente concluía, a partir da evidência do sonho, que a pessoa que viu em seu sonho ainda estava viva. É verdade que ele havia visto o corpo morto. Mas era autoevidente que alguma coisa, ele não sabia o que, mas muito parecida com o corpo, ainda estava viva. Não se preocupou muito com isso, nem parou para pesar as dificuldades envolvidas. Mas estava demasiado temeroso para esquecer. Uma vez formada, a hipótese foi amplamente utilizada. Quando um homem acordava pela manhã, após caçar a noite toda em seus sonhos e ficava sabendo através de seus companheiros que seu corpo estivera lá todo o tempo, naturalmente fora sua alma que havia saído. De modo similar, a morte, o transe e a doença poderiam ser atribuídos à ausência da alma. Acreditava-se que as almas passavam de um corpo a outro. Animais possuíam almas, até mesmo coisas possuíam almas, se fossem misteriosas ou parecessem ter vida, movimento e som. Os fenômenos da Natureza inspiradores de medo foram instintivamente considerados como resultado da ação de espíritos; rios, plantas e estrelas, a terra e o céu tornaram-se plenos de almas, de deuses, cada uma delas à maneira humana e com as paixões de um ser humano.

Mas por mais ampla que fosse essa hipótese, não poderia abarcar tudo. A partir dos tempos mais antigos de que temos qualquer registro, na Índia como

---

9. RHYS DAVIDS, T. W. Normalism. *In: Dialogues of the Buddha* III, 1921, p. 53-58.

em outros lugares, encontramos um grande número de crenças e cerimônias religiosas que não foram e não poderiam ser explicadas pela hipótese da alma. Em outras palavras, não eram animistas. A primeira impressão que temos é de uma desconcertante variedade de tais crenças. Mas é possível organizá-las, com maior ou menor exatidão, em grupos sobrepostos – e atrás de todos os grupos pode ser discernido um único princípio subjacente. Esse princípio é a crença em uma certa regra, ordem, lei. Não temos nenhuma palavra para tal crença em inglês e isso é lamentável, já que a teoria é tão importante quanto o Animismo nas antigas religiões indianas. Em minhas palestras sobre Religião Comparada em Manchester sugeri chamá-la de Normalismo.

É evidente que os homens que mantinham as crenças e praticavam as cerimônias assim denominadas não tinham uma concepção clara da teoria do Normalismo, assim como não tinham qualquer concepção clara da teoria do Animismo. Mas sem dúvida eles mantinham o ponto de vista de que coisas aconteciam, efeitos eram produzidos sem a intervenção de uma alma ou deus e como algo bastante natural e eles o consideravam como regra em tal ou qual caso. Ora, nós mesmos não acreditamos na regra ou em qualquer das regras assim afirmadas (assim como também não acreditamos na hipótese de um homúnculo dentro do coração). Mas a palavra Animismo tem sido considerada muito útil para esclarecer nossa apreciação de antigos pontos de vista. Sua utilidade é limitada, é verdade. Ela abarca talvez menos da metade das principais crenças registradas nas mais antigas literaturas do mundo. A outra metade seria coberta pela correspondente hipótese do Normalismo.

Esse não é o lugar para levantar a questão da importância do Normalismo na história geral das religiões. Talvez uma das razões pelas quais muito mais atenção tenha sido dada ao Animismo na Europa pode ser que a tendência geral da crença na Europa tenha sido ela mesma predominantemente animista. Mas é certo que ao menos no Extremo Oriente, mais especificamente na China e na Índia, o Normalismo é o mais importante dos dois.

Na China é a base da teoria do Tao (o Caminho), que encontra sua expressão mais antiga no famoso tratado de Lao Tsu, mas que era sem dúvida mais antiga e tida como certa por Confúcio.

O Tao é bastante normalístico e ainda que muito degradado ulteriormente nos círculos oficiais do Taoismo, sua forma mais antiga nunca deixou de influenciar os vários centros intelectuais das crenças chinesas. A teoria do *Yang* e do *Yin*, também bastante difundida e mesmo universal na China, retroagindo a épocas muito antigas, é igualmente normalística. Nenhuma dessas três concepções foi alguma vez personificada. Todas as três apoiavam-se na ideia de lei ou regra, independente de qualquer alma.

Na Índia, nossos mais antigos registros, os mais de mil hinos védicos, parecem à primeira vista totalmente animistas. Consistem quase que exclusivamente de súplicas a vários deuses. Ao tratar do período védico, os livros europeus sobre religiões indianas ocupam-se com descrições desses deuses, com base nos epítetos aplicados ou nos atos a eles atribuídos e assim por diante. Mas esses poemas não têm nenhuma pretensão de ser uma declaração completa das crenças mantidas pelas tribos cujos sacerdotes compuseram ou utilizaram tais poemas. Outros poemas, não incluídos em nossa presente coleção, sem dúvida existiam na comunidade na época em que a compilação foi feita. Outras crenças não mencionadas nos poemas eram amplamente influentes entre o povo. O que temos não é completo nem mesmo como um sumário da teosofia, do ritual ou da mitologia dos sacerdotes; refere-se apenas incidentalmente a outras crenças alheias a deuses, mas de grande importância como um fator na religião e na vida diária.

Essa conclusão pode ser justificada e tornada necessária por uma reflexão crítica sobre fatos simples conhecidos quanto à composição da antologia que chamamos de *Rig Veda*. É confirmada por descobertas efetuadas em livros védicos posteriores, especialmente em manuais de ritos domésticos, de costumes e crenças, que evidentemente devem remontar ao *Rig Veda* (embora não sejam referidos naquela coleção); certamente um ou dois desses casos até mesmo retroagem a um período ainda anterior. Temos espaço aqui para apenas um ou dois exemplos, que mesmo assim só podem ser tratados como mero esboço.

Tome-se o caso de *Rta*. Parece que a palavra passou por certa evolução, significando movimento, movimento rítmico, ordem, ordem cósmica, ordem moral, o correto. Nessas eras que se moviam lentamente, um longo período deve ser postulado para o crescimento e consolidação de tais ideias. No final de seu desenvolvimento a palavra encontra-se mencionada incidentalmente no *Avesta* e no *Veda*. Deve ter estado em pleno uso antes que os árias persas tenham se separado dos árias indianos. A ideia pode, portanto, ser rastreada com razoável probabilidade até o terceiro milênio antes de Cristo. O uso da palavra desapareceu na Índia antes da época da ascensão do Budismo. Nos Upanishades pré-budistas ela ocorre apenas em um – o *Taittirīya*. Na conclusão dessa obra *Rta* é colocado acima e antes dos deuses. É verdade que a palavra ocorre em três ou quatro passagens isoladas de obras pós-budistas, mas são arcaísmos. Não foi documentada na literatura canônica budista nem jaina.

O processo de declínio gradual do uso de uma palavra abstrata é precisamente análogo ao processo de decadência gradual e morte de um deus.[10] A palavra abrange não apenas uma ideia, mas um número de conotações. As implicações envolvidas estão mudando constante e imperceptivelmente. Cedo ou tarde uma ou outra fase da mesma subjuga as outras e alguma nova palavra ou palavras, enfatizando uma ou outra das várias conotações da velha palavra, passa gradualmente ao uso por ser considerada mais adequada ou mais clara. Quando o processo está completo, a palavra mais antiga está morta. Mas ela continua vivendo na nova palavra ou palavras que tomaram seu lugar e que nunca teria nascido ou seria pensada sem que a palavra mais antiga tivesse vivido anteriormente. Foi assim com *Rta* – uma concepção mais ampla e profunda que a *Moira* [Destino] grega e mais parecida com o Tao chinês. *Rta* jamais foi personificado e revive nas frases mais claras e definitivas (embora ainda imperfeitas) do *Suttanta* [sutra] agora diante de nós.

O caso de *Rta* não é de modo algum único. Já discuti longamente outro caso, o de *tapas*, automortificação ou austeridade.[11] A partir dos tempos védicos era admitido na Índia que *tapas* (originalmente brilho ardente, mas depois utilizado para jejum e outras formas de automortificação) operava seus efeitos por si, sem a intervenção de qualquer divindade. Isso é ainda mais notável

---
10. Ver *Buddhist India*, p. 234.
11. *Dialogues of the Buddha* I, p. 209-218. Ver também OLDENBERG, R. H. *Religion du Veda*, p. 344-347.

quando é quase certo que na Índia, como em outros locais, o estado extático da mente que tornava possível essa austeridade foi originalmente considerado como sendo devido à inspiração de um espírito.

Mas tanto quanto sei, nunca foi mencionado que os efeitos sobrenaturais da austeridade fossem devidos ao espírito do qual veio a inspiração. Os efeitos eram atribuídos à própria austeridade. Com muita frequência não havia de fato qualquer menção à ajuda de alguma divindade para a realização da autotortura – exatamente como no caso dos *pujaris* [sacerdotes] nos *ghats* [escadas que levam ao rio] da Índia moderna.

Mesmo o sacrifício em si – feito para deuses, supostamente para lhes dar sustento e força e acompanhado por hinos e invocações dirigidas a deuses – não estava inteiramente livre de tais ideias normalísticas. Os próprios hinos já contêm frases que sugerem que seus autores começaram a perceber certo poder místico agindo sobre os deuses em um sacrifício propriamente conduzido. E nós sabemos que nos *Brahmanas* posteriores essa concepção foi ampliada. Então temos também a evidência de um poder místico, independente dos deuses, nas palavras e versos que acompanham o sacrifício. Não há contradição em encontrarmos essa própria força mística divinizada e tornando-se no curso de séculos de especulação o maior dos deuses. E é significativo nesse contexto que a corda do arco de Brhaspati [o guru dos deuses] seja precisamente *Rta*.

Seria tedioso (e também desnecessário, após os exemplos acima) citar outros numerosos exemplos de caráter negligenciável ou menos importante nas obras védicas, mostrando a existência de uma teoria da vida que é o próprio contrário do Animismo. Eles são naturalmente muito incidentais no próprio *Rig Veda* e mais e mais frequentes conforme os livros vão se tornando mais tardios, sendo mais numerosos no período dos sutras. Muitos deles podem ser classificados sob um ou outro dos vários significados dados pelos antropólogos à ambígua e confusa palavra Magia[12] – a magia dos nomes, números, afinidade, semelhança, associação ou simpatia e assim por diante. Nos *Silas*

---

12. Para alguns desses significados divergentes e contraditórios, ver *Proceedings of the Oxford Congress of Religions*, 1908.

(entre os mais antigos de nossos documentos budistas, anteriores aos *Pitakas*) muitos também vão ser encontrados na longa lista de práticas das quais se diz que o Samana Gotama [o Buda] se abstém.[13]

O acima é suficiente para mostrar algo da posição do Normalismo na Índia pré-budista. Nosso presente *Suttanta* [sutra] mostra o estágio que ele havia atingido no período dos primeiros budistas. É um estágio de grande interesse – diferindo, como o faz, da linha de desenvolvimento seguida pelo Normalismo em outros países."

---

13. RHYS DAVIDS, T. W. *Dialogues of the Buddha*, v. 1, p. 16-30.

MESOAMÉRICA

Movimento

A região da Mesoamérica abrange civilizações pré-colombianas que se estenderam do México central ao Norte da Costa Rica. A primeira delas surgiu na área costeira tropical ao Sul do Golfo do México e foi denominada convencionalmente civilização olmeca. Floresceu por um milênio (c. 1400-400 a.C.) e se revela como a fonte de traços culturais que depois caracterizariam outras culturas mesoamericanas: culto ao jaguar; derramamento ritual de sangue humano; centros sagrados com pirâmides escalonadas; jogo cerimonial com bolas de borracha; calendário solar civil de 365 dias e o calendário sagrado de 260 dias, cuja inter-relação origina ciclos de 52 anos; o sistema numérico vigesimal; a escrita e o Calendário de Longo Curso.[14]

Tula é o lugar mítico de origem de povos mesoamericanos como toltecas, maias e astecas. No início da corrente era construtores que refletiam influência olmeca ergueram no planalto central mexicano a primeira metrópole com o prestigioso nome de Tula, depois conhecida pela denominação asteca Tolan Teotihuacan ("Tula Berço dos Deuses"), expressão adequada, pois no panteão teotihuacano já são identificáveis as divindades mais importantes do México antigo. Sua influência estendeu-se pela Mesoamérica e mil quilômetros ao Sul, em Kaminaljuyu, nos arredores da capital da Guatemala, subsistem as ruínas de uma réplica em miniatura de Teotihuacan.

---

14. Utilizado no Sul da Mesoamérica e assim chamado por iniciar-se em 3114 a.C. No calendário hindu a *Kali Yuga* ou Idade Sombria começa em 3102 a.C.

Por volta de 750 d.C. Teotihuacan foi incendiada e abandonada e com seu fim desapareceu a força agregadora que permitira o comércio e o intercâmbio cultural entre regiões distantes da Mesoamérica. Surgem cidades-estado que guerreiam entre si em busca de um domínio geralmente efêmero.

No Sudeste os maias erigiram monumentos datados com o Calendário de Longo Curso. Maianistas pioneiros como Sylvanus Morley (1883-1948) e John Eric Thompson (1898-1975) apresentavam os maias como povos pacíficos, liderados por uma elite benévola de sacerdotes, matemáticos e astrônomos.

a. Glifo emblemático da cidade-estado maia de Copán, com a característica cabeça de morcego. b. O altar Q de Copán, visto por Thompson como uma assembleia de astrônomos, na verdade retrata uma linhagem de reis guerreiros. O altar foi comissionado pelo décimo sexto monarca da dinastia, Novo Filho no Horizonte (*Yax Pasaj Chan Yopaat*). Copán, Honduras, 776 d.C.

Após a descoberta das pinturas nas ruínas de Bonampak em 1946 e o deciframento da escrita maia na década seguinte por Yuri Knorozov (1922-1999), emergiu um mundo de implacáveis aristocratas guerreiros. A imagem dos maias clássicos então revelada foi a de sociedades monárquicas obcecadas com o sangue e a linhagem reais, conquista militar, sangramento penitencial, tortura e sacrifício humano, documentados profusamente em esculturas, pinturas e textos. "Esses certamente não eram os maias pacíficos sobre os quais Morley e Thompson haviam rapsodiado."[15]

---

15. COE, M. D. *Breaking the Maya Code*, p. 254.

Em meados do século X d.C. chegam ao centro do México povos receptores da herança teotihuacana, que estabelecem a Noroeste da atual Cidade do México sua capital também denominada Tula.[16] Eram os "habitantes de Tula" (*tol-tecas*).

Na tradição tolteca o fundador da nova Tula foi o rei-sacerdote Quetzalcôatl (Serpente Quetzal)[17], que proibiu o sacrifício humano e o substituiu por sangramento voluntário e o sacrifício de vegetais, animais e incenso. Essa postura o levou a entrar em conflito com o sanguinário guerreiro Tezcatlipoca (Espelho Fumegante)[18] e Quetzalcôatl abandonou a cidade que fundara, rumou na direção do Golfo do México e desapareceu.

O cerne desse mito com possível embasamento histórico é que no século X os toltecas optaram pelo militarismo e pelo sacrifício humano institucionalizado, traço que também marcou outras civilizações mesoamericanas até seu desmantelamento a partir do século XVI.

A Tula tolteca foi destruída por volta de 1150 e seu colapso levou o México a uma situação como a que ocorreu após o fim de Teotihuacan, com a multiplicação de cidades-estado em guerra permanente.

Ao Norte da Mesoamérica agrícola estendia-se um deserto onde viviam os chichimecas ("não-civilizados"), caçadores-coletores nômades habitualmente pacíficos, mas que avançavam sobre as terras férteis do Sul quando havia seca prolongada e as duras condições de vida no deserto tornavam-se intoleráveis.

A última tribo chichimeca a chegar ao México central foi a dos mexicas (astecas), que em 1325 estabeleceu sua capital Tenochtitlan sobre uma ilha em meio a um lago. Cem anos depois começou a expansão de um império que durou quase um século (1428-1521).

---

16. O sítio arqueológico de Tula no estado mexicano de Hidalgo.
17. A serpente simboliza a terra e a ave sagrada quetzal o céu.
18. Espelhos de obsidiana eram utilizados para acender o fogo ritual. NEEDHAM, J.; GWEI-DJEN, L. *Trans-Pacific Echoes & Resonances*, p. 44.

A cosmovisão da elite asteca de sacerdotes, escribas e nobres eruditos baseava-se em uma "metafísica que mantinha que o cosmo e seus habitantes humanos eram constituídos por, e fundamentalmente idênticos a, uma energia sagrada única, vivificante, eternamente autogerante e autorregenerante. Conhecimento, verdade, valor, retitude e beleza eram definidos em termos do desígnio dos humanos de manter sua estabilidade, bem como a estabilidade do cosmo".[19]

O poder sagrado *teotl* ("espírito") não é um ser pessoal dotado de uma mente volitiva que toma decisões. "Por ser essencialmente processivo e dinâmico, *teotl* não é caracterizado propriamente como ser nem como não-ser, mas como devir. Ser e não-ser são simplesmente duas descrições ou facetas inter-relacionadas de *teotl* e como tais inaplicáveis ao próprio *teotl*. Do mesmo modo, *teotl* não é compreendido propriamente como ordenado (governado por leis) nem como desordenado (anárquico), mas como *in*ordenado. Esse ponto é decerto bastante geral: vida/morte, ativo/passivo, masculino/feminino, etc. estritamente falando não são predicáveis a *teotl*. Esse apreende um *tertium quid* [terceiro termo], transcendendo essas dicotomias por ser simultaneamente nem-vivo-nem-morto-mas-tanto-vivo-quanto-morto, simultaneamente nem--ordenado-nem-desordenado-mas-tanto-ordenado-quanto desordenado".[20]

Na cosmovisão asteca erudita, "*teotl* é idêntico a tudo e tudo é idêntico a *teotl*. Sendo idênticos a *teotl*, o cosmo e seus conteúdos basicamente transcendem dicotomias como pessoal *versus* impessoal, animado *versus* inanimado, etc. Como força vital única e toda-abrangente do universo, *teotl* vivifica o cosmo e seus conteúdos. Enfim, *teotl* é metafisicamente imanente *e* transcendente. É imanente enquanto penetra profundamente cada detalhe do universo e existe dentro da miríade de coisas criadas; é transcendente enquanto não é exaurível por qualquer coisa existente".[21]

A elite asteca estava consciente de que as dezenas de deuses de seu panteão eram atributos de uma força única. Entre os múltiplos aspectos em que o sagrado se apresentava destaca-se sua dualidade.

---

19. MAFFIE, J. Aztec Philosophy. *Internet Encyclopedia of Philosophy*, 2005.
20. *Ibid.*
21. *Ibid.*

No politeísmo corrente entre a população em geral, a divindade suprema era Ometeotl, nome composto de *ome* ("dois") e *teotl* ("espírito"), significando a divindade dual que habita o céu superior Omeyocan, o Lugar da Dualidade. Outras denominações da divindade suprema são "deus antigo"; "senhor que concebe a si mesmo"; "a quem os seres humanos devem a vida"; "aquele que sustém a Terra" e "senhor da Terra entre as Águas", a Mesoamérica entre o Pacífico e o Atlântico.

A androginia de Ometeotl evidencia-se em títulos como "Senhor e Senhora de nossa carne" e "nossa Mãe, nosso Pai". Sua inefabilidade é acentuada pela expressão *Noite e Vento*: invisibilidade das trevas e intangibilidade do ar.

O pensamento asteca concebeu um princípio único que é a origem última das dualidades, tensões e forças que dinamizam o mundo. Desse princípio uno e dual, andrógino e transcendente, surgem os quatro elementos, as quatro direções, os quatro deuses principais e suas respectivas contrapartes.

Os mexicas dividiam o universo em quatro quadrantes, atribuindo cores e outras características a cada um dos quatro elementos terra, ar, fogo e água, bem como aos pontos cardeais. O Leste é a região da luz, sua cor o vermelho e seu símbolo um caniço, representando vida e fertilidade. O Norte é a região dos mortos, sua cor o negro, era frio e deserto e representado por um pedernal. O Oeste é a região das mulheres, sua cor é o branco, tendo a casa do Sol como símbolo. O Sul tem como cor o azul e era uma região indefinida, com o signo do coelho, "que ninguém sabe por onde pula".

O mundo era cercado pelos oceanos Pacífico e Atlântico, que no horizonte se encontravam com o céu, uma grande cúpula cobrindo a Mesoamérica.

Na perspectiva vertical o espaço era deveras complexo. Abaixo da terra situavam-se nove infernos e acima dela treze céus. O primeiro céu é onde caminham a Lua e as nuvens. O segundo céu é o das estrelas, sendo as Plêiades a constelação mais importante. A cada ciclo de 52 anos observavam as Plêiades à meia-noite do dia que encerrava o ciclo. Se elas continuassem a se mover, acendia-se um fogo ritual sobre o corpo de uma vítima humana e o mundo duraria ao menos mais 52 anos.

O mais alto dos céus era o da suprema divindade dual Ometeotl, que se projetava no *axis mundi*, o eixo cósmico ou umbigo do mundo, ponto de cruzamento das quatro direções cósmicas, para alicerçar o mundo e dar-lhe verdade. A sílaba náuatle *nel* conota "fixação sólida", originando as palavras "raiz", "enraizamento", "cimento", "fundamento" e "verdade".[22] A verdade era o estado de ser bem fundamentado, bem enraizado, bem alicerçado.[23]

Na cosmologia asteca os diferentes aspectos do universo destroem uns aos outros, concepção que se ligaria ao imperialismo e ao militarismo tolteca implantado no México em finais do século X.[24] Cada elemento dominara o universo durante um ciclo cósmico e em sua fúria acabara por destruí-lo. Houve uma sucessão de sóis ou eras. Cada Sol descreve a intervenção dos elementos cósmicos Jaguar (terra), Vento (ar), Chuva de Fogo (fogo) e Água e é destruído por esse mesmo elemento. Os astecas viviam na quinta e última era, *Nahui Ollin*, o Sol de Movimento, sendo *ollin* "tremor".

No Sol de Movimento a harmonia seria conseguida espacializando o tempo, repartindo-o pelas quatro direções. Em cada ciclo de 52 anos uma direção predomina por treze anos.

"O movimento e a vida eram para os mexicas o resultado dessa harmonia cósmica conseguida pela orientação espacial dos anos e dos dias, em suma pela espacialização do tempo. Enquanto esse continue, enquanto em cada ciclo houver quatro grupos de treze anos dominados pelo influxo de um dos rumos do espaço, o quinto Sol seguirá existindo, seguirá movendo-se. Mas se algum dia isso faltar, quer dizer que então haverá de começar uma vez mais a luta cósmica."[25]

---

22. No Egito um hieróglifo de *maat* (⬜) representa a base do trono real. Na Índia clássica seu equivalente é *dharma*, termo aparentado com o latim *firmus*, "firmar", "suportar", "sustentar", "manter".
23. LEÓN-PORTILLA, M. *Los Antiguos Mexicanos*, p. 124.
24. O cosmo chinês ordenava-se em pontos cardeais, elementos, notas musicais e estações. A Leste a madeira e a Primavera; a Oeste o metal e o Outono; ao Sul o fogo e o Verão; ao Norte a água e o Inverno; no Centro o elemento Terra. Havia duas versões não excludentes da alternância de aspectos: eles produziam uns aos outros ou destruíam-se, metáfora bélica das lutas na unificação da China.
25. LEÓN-PORTILLA, M. *La Filosofia Náhuatl Estudiada em sus Fuentes*, p. 122.

Os mexicas concebiam o mundo como palco de mudanças radicais, onde o movimento reinava soberano: "Os astecas viveram o princípio do movimento nos deuses, na vida, no homem e em todo ser gerado por eles, por isso sua cultura e sua arte têm um sentido dinâmico, por trás de uma aparente estaticidade. O ser de sua mundivisão é dinâmico".[26]

A ordem do mundo é uma série de mudanças bruscas. "O mundo pode comparar-se a uma decoração de fundo sobre a qual vários filtros de luz de diversas cores, movidos por uma máquina incansável, projetam reflexos que se sucedem e superpõem, seguindo indefinidamente uma ordem inalterável. Em semelhante mundo, não se concebe a mudança como um devir mais ou menos despregado na duração, mas como uma mutação brusca e total: hoje é o Leste que domina, amanhã será o Norte; hoje ainda vivemos em um dia fasto e passaremos sem transição aos dias nefastos *nemontemi*. A lei do mundo é a alternância de qualidades distintas, radicalmente separadas, que dominam, se desvanecem e reaparecem eternamente."[27]

Vivendo nesse mundo instável, os mexicas optaram por soluções drásticas: "Uma vez que a ordem cósmica segundo a cosmovisão asteca é 'trêmula', o homem tem que preservar e salvaguardar esse cosmo e suas forças de manutenção da vida através de uma contínua prática ritual. Uma representação óbvia e universal das forças naturais da vida é o sangue e essa visão é dominante e plena de consequências no caso asteca. Tal como em seu mito paradigmático, quando os velhos deuses tiveram que se sacrificar na escuridão de Teotihuacan e tiveram que derramar o próprio sangue para conseguir que o quinto Sol continuasse a se mover, da mesma forma é necessário que os mexicas mantenham o 'Sol' *Tonatiuh* em movimento através de uma fonte repetitiva e incessante do chamado 'precioso líquido' (*chalchiuatl*), o sangue humano. Da mesma forma, vários ritos individuais de arrependimento ou defesa implicavam no derramamento ritual de sangue (por exemplo, das orelhas). Por certo o sacrifício de sangue não era a única forma de ritual; os astecas também usavam flores, a queima de oferendas, resina de copal (incenso), dança e música, mas como o termo *chalchiuatl* já implica, o sangue humano era considerado a mais 'preciosa' e eficiente oferenda para o sustento da vida. Os números extremos

---
26. FERNÁNDEZ, J. *Coatlicue, estética del arte indígena antiguo*, p. 249-250.
27. SOUSTELLE, J. *La Pensée Cosmologique des Anciens Mexicains*, p. 85.

de mortes rituais transmitidos por via de fontes espanholas parecem definitivamente exagerados, mas não pode haver dúvida de que o sacrifício humano era importante, significativo e – ao menos no início do século XVI – um método ritual bastante utilizado para manter vivas as forças da Natureza. Por exemplo, uma guerra ritual especial, a chamada 'guerra florida' (*xochiyaoiotl*) teve que ser institucionalizada em bases contratuais entre as cidades-estado do império asteca, simplesmente para atender a demanda crescente pelo abastecimento de prisioneiros para o sacrifício".[28]

Nas cerimônias religiosas corações humanos eram queimados e crânios decepados eram expostos enfileirados aos milhares. Os braços e pernas dos sacrificados eram devorados pelos estamentos superiores da escala social asteca e os troncos com as vísceras lançados aos animais nos zoológicos.

Altar asteca contendo na costa do jaguar um vaso para a deposição de corações extraídos ritualmente de vítimas humanas. Museu Nacional de Antropologia da Cidade do México

---

28. GRUENSCHLOSS, A. Aztec Religion and Nature. *Encyclopedia of Religion and Nature*.

O caráter macabro da cosmovisão dos astecas e outras culturas americanas não é uma ocorrência singular, verificando-se com alguma frequência nas civilizações antigas. Entre os séculos VII e IX a tão idealizada civilização tibetana foi uma sociedade militarizada, um império que se estendia da fronteira com a Mongólia ao Golfo de Bengala, no qual ocorriam sacrifícios humanos, canibalismo e outras práticas anômicas por parte de extremistas dos cultos Bon e Tantra. Após o fim do império o monge-rei do Tibete ocidental Yeshe Od (947-1024) emitiu uma proclamação oficial contra essas práticas.

"Vós peritos do Tranta que viveis em nossas aldeias não tendes qualquer conexão com os Três Veículos do Budismo[29], mas pretendeis ser seguidores do Grande Veículo.[30] Sem manter as normas éticas do Grande Veículo, dizeis: '– Somos seguidores do Grande Veículo'. É como um mendigo dizendo que é rei ou um asno vestindo a pele de um leão. Peritos de aldeia, se ouvissem falar de vossas práticas tântricas em outras terras seria motivo de vergonha. Dizeis que sois budistas, mas em vossa prática demonstrais menos compaixão que um ogro. Sois mais ávidos por carne que um falcão ou um lobo. Sois mais sujeitos à luxúria que um asno ou um touro no ardor. Sois mais dedicados a restos apodrecidos que formigas em uma casa prestes a ruir. Tendes menos conceito de pureza que um cão ou um porco. Ofereceis excrementos e urina, sêmen e sangue a divindades puras. Que lástima! Com adoração como essa vireis a nascer em um atoleiro de cadáveres apodrecidos. Rejeitais assim o ensinamento de nossa Tripla Escritura. Que lástima! Certamente vireis a nascer no inferno Avici. Como retribuição pela morte de criaturas em vossos supostos 'ritos de libertação', que lástima, certamente vireis a nascer como vermes uterinos. Reverenciais as Três Joias[31] com carne, sangue e urina. Ignorando a terminologia esotérica efetuais o rito literalmente. Tal seguidor do Grande Veículo certamente nascerá como um demônio. É realmente espantoso que um budista possa agir desse modo. Se práticas como as vossas resultassem na iluminação búdica então caçadores, pescadores, açougueiros e prostitutas já estariam iluminados."[32]

---

29. O Pequeno Veículo (Sudeste asiático), o Grande Veículo (Nordeste asiático) e o Veículo do Diamante (esotérico).
30. O Grande Veículo enfatiza a compaixão por todos os seres.
31. O Buda, a Doutrina e a Comunidade monástica.
32. MILLS, M. A. *Identity, Ritual and State in Tibetan Buddhism*, p. 18.

Uma corrente menos sanguinária estava presente na tradição mesoamericana ao menos desde o século X, relacionada ao rei-sacerdote tolteca denominado Quetzalcôatl em náuatle e Kukulkan em maia. Essa linhagem ainda subsistia na segunda metade do século XV, quando o rei e poeta Nezahualcóyotl de Texcoco (1402-1472) construiu um templo piramidal sem imagens onde eram proibidos sacrifícios sangrentos, mesmo de animais e o culto era realizado com flores, incenso e o jejum e a dança dos celebrantes.

Os mexicas se preocupavam com a ideia de que um dia a civilização pudesse terminar. O poder ordenante da cultura, que fornece aos seres humanos uma imagem de si mesmos e do mundo, é o tema de um mito que ilustra como aqueles que provaram o sabor da civilização relutam em perdê-la.

Naquele tempo os astecas viviam no paradisíaco Lugar da Origem com sábios que haviam chegado do Golfo do México. Eles não permaneceram muito tempo, pois ouviram a voz de seu deus e resolveram partir. Essa decisão inquietou os mexicas.

"Brilhará o Sol, amanhecerá?
Como irão, como se estabelecerão os seres humanos?
Por que se foi, por que se levou
a tinta negra e vermelha [os códices]?
Como existirão os seres humanos?
Como permanecerá a terra, a cidade?
Como haverá estabilidade?
Quem nos governará?
Quem nos guiará?
Quem nos mostrará o caminho?
Qual será nossa norma?
Qual será nossa medida?"[33]

---

33. LEÓN-PORTILLA, M. Códice Matritense de la Real Academia de la Historia. *Los Antiguos Mexicanos*, p. 53.

Afortunadamente quatro dos sábios resolveram permanecer. A importância dos criadores e veiculadores da civilização, aqueles que estudam a ordem cósmica, é ressaltada.

"Os que vêm,
os que se dedicam a observar o curso
e o proceder ordenado do céu,
como se divide a noite.

Os que estão olhando [os códices]
os que relatam [o que leem]
os que viram ruidosamente
as folhas dos livros de pinturas.
Os que têm em seu poder
a tinta negra e vermelha, as pinturas.

Eles nos levam, nos guiam,
dizem-nos o caminho.
Aqueles que ordenam como cai um ano,
como segue seu caminho a conta dos dias
e cada uma de suas vintenas,
disso se ocupam,
a eles cabe falar dos deuses"[34]

O poder ordenante da cultura fornecia um significado para o mundo. "Implicitamente se superpunha ao mundo misterioso e hostil que nos rodeia outro universo ou *cemanahuac*, quase mágico, forjado pelo homem à base de símbolos. Flores e cantos, nascidos no coração do artista, circundavam assim o homem, que contemplava os centros rituais com suas pirâmides e templos cobertos de pinturas e orientados para as quatro direções do mundo; com as esculturas de seus deuses e o simbolismo mais próximo incorporado a objetos de uso diário: atavios, pingentes de ouro e prata e incontáveis utensílios de cerâmica. O mundo endeusado da arte era o lugar penosamente

---
34. LEÓN-PORTILLA, M. Libro de los Colloquios. *Los Antiguos Mexicanos*, p. 64-65.

construído pelo homem náuatle, preocupado em dar um sentido a sua vida e a sua morte."[35]

A Mesoamérica é uma região sujeita a fenômenos naturais aversivos como terremotos, explosões vulcânicas, furacões e estiagens. Um mundo dinâmico onde forças cósmicas lutam acirradamente pelo domínio durante eras relativamente curtas e o mundo pode acabar a cada ciclo de 52 anos. Nesse Quinto Sol, cuja tônica é o movimento (*ollin*), o pensador náuatle questiona como ele haveria de alicerçar-se, ter verdade, se tudo é efêmero.

O questionamento permeado de amargura, o ceticismo existencial que busca um fundamento ontológico para a vida humana é típico da elite mexica descrente das soluções míticas correntes entre o povo na passagem dos séculos XV a XVI.

O primeiro imperador mexica Itzcóatl (Serpente de Obsidiana) reinou de 1428 a 1440 e ordenou a destruição dos templos e a queima dos códices das cidades-estado conquistadas, apagando seus registros e assegurando a superioridade asteca. Os massacres, derrubada de pirâmides sagradas e queima de códices que os astecas infligiram aos povos conquistados foram repetidos em relação a eles pelos espanhóis.

No ano da chegada dos espanhóis em 1519 terminou um dos ciclos de 52 anos em que o mundo poderia acabar e isso aconteceu com o mundo dos astecas. O tremor que eles temiam veio com o tropel dos cavalos e o rugir dos canhões espanhóis. Em 1521 o grande império mesoamericano desmoronou em meio a um abalo militar, tecnológico e demográfico. Como os astecas por um período de menos de um século, o conquistador espanhol imporia sua vontade por muito tempo na Terra entre as Águas.

---

35. LEÓN-PORTILLA, M. *Los Antiguos Mexicanos*, p. 172.

ORIENTE

Curso

趙 道

Logogramas arcaico e clássico de Tao

O surgimento do alfabeto no Mediterrâneo oriental foi atribuído a atividades comerciais, enquanto na China a escrita teria surgido devido a aspectos administrativos mais ligados à agricultura que ao comércio. As características da natureza geográfica da China eram em geral rítmicas e regulares, favorecendo o ciclo agrícola e o sedentarismo. A necessidade de registrar os ritmos da Natureza visando a prática agrícola também teria levado à elaboração do calendário e à tentativa de previsão de possíveis irregularidades.

O mundo chinês apresentava também aspectos desordenados, relacionados ideologicamente ao nomadismo. As populações sedentárias dedicadas à agricultura procuravam controlar os eventos naturais e sociais aversivos, como enchentes e estiagens e as invasões nômades. A solução encontrada para enfrentar tais problemas foi o Estado chinês, cujos governantes deveriam manter a ordem cósmica, concebida como uma plenitude que abrangia tanto o natural quanto o social.

Entre as três grandes escolas que dominaram o pensamento chinês antigo, o Budismo é de origem indiana e centrado na ideia de Dharma. O Confucionismo e o Taoismo são autóctones e autores eminentes[36] concordam que o âmago da cosmovisão de ambos é o conceito de ordem (Tao), do qual cada escola tem sua própria interpretação.

Essas duas escolas estavam empenhadas em oferecer à sociedade chinesa uma opção de ordem, pois surgiram em uma época de confusão política e social, o período dos Estados Combatentes (420-221 a.C.), que precedeu a unificação da China sob um império.

Ainda que a escola taoista pretenda ser anterior à era dos Estados Combatentes, é nesse período que foi revelado um pequeno texto intitulado *Lao-tse*, nome de um suposto autor contemporâneo de Confúcio (551-479 a.C.). Durante a dinastia Han (202 a.C.-220 d.C.) a obra passou a ser denominada *Tao-te-Ching*, o Cânone da Virtude do Curso.

"Na tradição extremo-oriental, a palavra *Tao*, cujo sentido literal também é 'Caminho', serve para designar o Princípio supremo e o ideograma que o representa é formado pelos signos da cabeça e dos pés, que equivalem ao alfa e ao ômega."[37]

O primeiro elemento do logograma *tao* (道) é "cabeça" (首). Os traços oblíquos superiores representam os cabelos e o retângulo na vertical, com dois traços horizontais, mostra uma face com os olhos e a boca. Esse logograma tem os sentidos derivados de "homem" e "líder".

O segundo elemento de *tao* (道) é "pé" ou "perna" e por extensão "movimento para a frente" e "progressão", inclusive a progressão de um diálogo. Falar a verdade, inclusive a doutrina na qual o mestre (a cabeça) inicia o discípulo (o pé).

Tao também significa "pisar à cabeça" de um grupo, "liderar". O logograma indica que uma via é para seres humanos caminharem, o caminho a seguir

---

36. Marcel Granet, Joseph Needham, Mircea Eliade, Rhys Davids e outros.
37. GUÉNON, R. *Symboles Fondamentaux de la Cience Sacrée*, cap. 18, nota 11.

na vida e o movimento inteligente, guiado tanto pela razão quanto pela intuição.[38]

A palavra *tao* possui uma ampla gama de sentidos derivados, como "curso", "método", "modo operatório" e "ordem cósmica". Utilizado com valor verbal, *tao* significa "abrir o caminho" para as forças fecundantes da Natureza, "recorrer" e "ordenar" o mundo. "O Tao é o caminho reto, o que põe em comunicação o Céu e a Terra, a regra de toda moral e a fonte de todo poderio, é a Ordem que os reis fundadores fazem reinar no universo."[39]

O logograma *te* (德) é formado por três elementos, sendo o primeiro "conduta" ou "ação" (彳). O segundo elemento 直 tem o sentido de "retitude" e representa o *axis mundi*, o eixo cósmico. O terceiro é "coração" (心). O *te* é a conduta ética (彳) baseada na retitude (直) do coração (心). *Te* cobre ainda os sentidos de "virtude", "equidade" e "eficácia".[40] Essa última acepção deriva de um significado arcaico de *te*, "poder mágico", o poder eficaz dos mestres, feiticeiros, xamãs e gênios da mitologia taoista.

No Confucionismo *te* significa "virtude ética". O Te aponta para a virtude, o virtual, as virtualidades concordantes com o Tao e quando desenvolvidas são sua manifestação e realização.

Além de Tao e Te, outro conceito essencial ao Taoismo é a dualidade *yin-yang*. Tanto o logograma de *yin* (陰) como o de *yang* (陽) contêm um elemento derivado do pictograma arcaico que representa uma colina com seus terraços e o topo coberto pela floresta. *Yin* é o lado sombrio da colina, o Norte e *yang* é o lado ensolarado, o Sul.[41] *Yin* e *yang* são os dois lados da colina do Tao.

Yang e *yin* representam os dois princípios do universo: Céu-Terra, pai-mãe, positivo-negativo, luz-sombra, calor-frio, essência-substância, ato-potência,

---

38. VACCARI, O.; VACCARI, E. E. *Pictorial Chinese-Japanese Characters*, p. 144. COOPER, J. C. *La Philosophie du Tao*, p. 8. WIEGUER, L. *Chinese Characters*, p. 326.
39. VANDIER-NICOLAS, N. La filosofia china desde los orígenes hasta el siglo XVII. *In*: PARAIN, B. *El Pensamiento Prefilosófico y Oriental*, p. 221-222.
40. WIEGUER, L. *Chinese Characters*, p. 37. VACCARI, O.; VACCARI, E. E. *Pictorial Chinese-Japanese Characters*, p. 227. COOPER, J. C. *La Philosophie du Tao*, p. 18.
41. WIEGUER, L. *Chinese Characters*, p. 220.

masculino-feminino, interior-exterior. São forças interdependentes e mutuamente complementares que agem sob o ritmo do Tao.

"O antagonismo polar é elevado ao nível de um princípio cosmológico; não é apenas aceito, mas converte-se na chave mediante a qual o mundo, a vida e a sociedade humana revelam o significado de sua própria existência."[42]

No caso chinês, não se trata de oposição absoluta, pois os opostos implicam um ao outro e estão presentes um no outro. As categorias *yin* e *yang* perpassam todas as ciências da China tradicional. Na Medicina, toda enfermidade é atribuída ao excesso ou falta de um elemento em relação ao outro, ao desequilíbrio entre os dois, que deveriam permanecer sempre em perfeita harmonia. O tratamento consiste em reforçar o mais fraco ou diminuir o que está em excesso, por meio de fitoterapia, dietas, exercícios, banhos de sol, exposição à luz lunar e outras técnicas.

Para os taoistas o Tao é a ordem cósmica espontânea, que deveria vigorar na sociedade humana sem as mediações próprias das sociedades complexas, com suas hierarquias sociais estabelecidas pela autoridade que no momento estiver no poder. Os taoistas aceitavam a autoridade natural do Tao e se reuniam em pequenas comunidades isoladas da sociedade complexa em processo de urbanização, ignorando a autoridade constituída na medida do possível.

Já o Tao dos confucianos define a ordem ética, dentro de uma sociedade que seria admissível desde que fundamentada nos padrões do relacionamento familiar e nas ações paradigmáticas dos ancestrais. A Ética seria o fundamento da política. Aceitavam como natural a autoridade constituída, bem como a sociedade complexa em vias de urbanização. Viam a sociedade como uma grande família e o Estado representaria a união de todos, união que não teria sido imposta, mas reivindicada pelos seres humanos como sendo de seu interesse. Consideravam a natureza humana como tendendo ao bem e possível de ser retificada pela educação.

---

42. ELIADE, M. *The Quest*, p. 163.

No Neoconfucionismo o conceito de *li* (理) representa o direito consuetudinário, ritos tradicionais, bons costumes e também a ordem cósmica. "O princípio (*li* 理) é a ordem de acordo com a qual a força material (*chi* 氣) opera, ao passo que a força material é o funcionamento do princípio. Sem ordem ela não pode operar e sem que ela opere nada haverá que revele o que é chamado de ordem."[43]

"A plena força do significado por trás do *li* era profunda e não poderia ser divorciada dos costumes, usos e cerimônias. O significado desses estava entranhado, baseando-se não apenas no fato de terem surgido porque concordavam com o sentimento instintivo de retitude experimentado pelos chineses, mas também na crença de que concordavam com a 'vontade do Céu', com a estrutura de todo o universo. Daí a aversão básica despertada na mente chinesa por crimes ou mesmo disputas, já que esses eram considerados perturbações na Ordem da Natureza. Já no *Shu Ching*[44] encontramos evidências disso: por exemplo, afirma-se que o excesso de chuvas é um sinal de injustiça do imperador, que a seca prolongada indica que ele está realizando erros sérios, enquanto o calor intenso o acusa de negligência, o frio intenso de falta de ponderação e os ventos fortes, curiosamente, mostram que está sendo apático. Novamente, no *Chou Li* (Registro dos Ritos de Chou)[45] bem como em muitos outros textos antigos, há a ideia adicional de que as punições só podem ser realizadas no outono, quando todas as coisas estão decaindo: executar criminosos na primavera teria um efeito deletério sobre as plantações. É como se os chineses vissem de fato fenômenos no Céu e na Terra ocorrendo através de vertentes paralelas no tempo, acontecimentos perturbadores em uma vertente originando efeitos perturbadores na outra."[46]

Na cosmovisão chinesa clássica não há um sujeito ativo operando em um mundo passivo, nem um sujeito passivo que recebe a ação de uma natureza externa operante. Ser humano e Natureza são um todo único. Agir como um sujeito ativo separado da ordem total teria como resultado um desequilíbrio

---

43. WANG Yangming. *Instructions for Practical Living*, p. 132.
44. *Tratado de História*, século III d.C.
45. Clássico confuciano do século II a.C. sobre a dinastia Chou (1045 a.C.-256 a.C.).
46. NEEDHAM, J.; RONAN, Colin. *The Shorter Science & Civilisation in China*, v. 1, p. 282.

e o ser humano receberia passivamente os efeitos da desordem por ele provocada, para que novamente se restabelecesse a ordem geral.[47]

Na China eram utilizadas imagens técnicas em que a ideia de ordem é transmitida simbolicamente por meio de instrumentos geométricos. Em chinês a expressão "compasso e régua" ou "compasso e esquadro" significava "regra", "ordem" e costumes "regrados" e "ordenados".

O compasso corresponde ao círculo, símbolo do Céu e a régua ou esquadro ao quadrado, símbolo da Terra. Na mitologia arcaica, o casal divino é representado com o primeiro segurando o esquadro, símbolo feminino e a deusa segurando o compasso, símbolo masculino, em um intercâmbio hierogâmico de atributos.

As imagens técnicas como referência ao elemento ordenante também são utilizadas por Mo-tse (c. 470-390 a.C.), fundador do Moísmo. "A Vontade do Céu é para mim como o esquadro e o compasso para o construtor de carros de madeira ou o carpinteiro. Se ela diz que isso é justo é; se ela diz que não é justo, não é."[48]

A utilização do rico simbolismo do compasso e do esquadro prossegue pela história do pensamento chinês. O neoconfuciano Wang Yangming (1472-1529), conhecido no Japão como Oyomei, escreveu em uma carta ao homem público e poeta Tung-Chiao (1476-1545):

"O conhecimento inato está para os detalhes diminutos e as circunstâncias variáveis assim como os compassos e as medidas estão para áreas e comprimentos. Detalhes e circunstâncias não podem ser predeterminados, exatamente como áreas e comprimentos são infinitos em número e não podem ser inteiramente cobertos. Se compassos e esquadros são colocados com exatidão, não poderá haver qualquer engano em relação a áreas e a possibilidade de áreas corretas no mundo não pode ser exaurida. Se as medidas são bem apresentadas, não poderá haver qualquer engano em relação

---
47. SPROVIERO, M. B. *O Legismo na Unificação Política da China*, p. 96-97.
48. GRANET, M. *La Pensée Chinoise*, nota 1012.

a comprimentos e a possibilidade de comprimentos corretos no mundo não pode ser exaurida. Se o conhecimento inato é expandido com exatidão, não pode haver qualquer engano em relação a detalhes diminutos e circunstâncias variáveis e a possibilidade de detalhes diminutos e circunstâncias variáveis no mundo não pode ser exaurida. Se alguém não percebe que em um instante de pensamento em sua mente de conhecimento inato um erro infinitesimal no início pode levar a um erro infinito no fim, qual é o sentido do estudo? Aquilo equivaleria a esperar determinar quadrados e círculos sem compassos e esquadros e a cobrir todos os comprimentos sem medidas. Posso ver que tal homem é desmedido, absurdo e está trabalhando dia após dia sem sucesso."[49]

Em seu mais importante escrito, "Investigações sobre *O Grande Saber*"[50] (1527), Wang Yangming volta a metáforas técnicas: "Permanecer no bem supremo está para manifestar o caráter e amar o povo assim como o esquadro e o compasso do carpinteiro estão para o quadrado e o círculo, ou padrão e medida para o comprimento, ou balanças e escalas para o peso. Se o quadrado e o círculo não são fiéis ao compasso e ao esquadro do carpinteiro, seu cânone estará errado; se o comprimento não é fiel ao padrão e à medida, seu ajuste estará perdido; se o peso não é fiel às balanças, sua exatidão ir-se-á e se manifestar caráter limpo e amar o povo não são fiéis ao bem supremo, seu fundamento desaparecerá."[51]

O Tao não foi criado e tampouco foi o criador do universo, pois nada é criado no cosmo e o próprio cosmo como um todo não foi criado. A Cosmogonia chinesa erudita prescinde tanto da ideia de Deus quanto da concepção de uma Lei ou leis abstratas e formuláveis.

A ordem cósmica e a ordem social chinesas eram imagens especulares uma da outra. "O organismo universal incriado, cada parte do qual, por uma compulsão interna para si mesmo e despontando a partir de sua própria natureza, voluntariamente cumpre suas funções nas recorrências cíclicas do todo, espelhava-se na sociedade humana por um ideal universal de bom entendimento, um

---

49. WANG Yangming. *Instructions for Practical Living*, p. 109.
50. *O Grande Saber* é um clássico confuciano anterior ao século VI a.C.
51. WANG Yangming. *Instructions for Practical Living*, p. 275.

regime flexível de interdependências e solidariedades que não poderia nunca estar baseado em ordenanças incondicionais, em outras palavras, em leis."[52]

Até o Renascimento europeu a Ciência chinesa não era inferior a qualquer outra e sua Tecnologia possivelmente superior às demais. Mas segundo Joseph Needham a ideia de leis da Natureza não se desenvolveu a partir da teoria ou da prática jurídica chinesas devido a algumas razões decisivas:[53]

Os chineses teriam desenvolvido uma acentuada prevenção contra leis abstratas codificadas e formuladas com precisão devido a suas experiências negativas com a Escola da Lei (*Fa Jia* 法家) durante a sangrenta unificação da China e a passagem do feudalismo para o burocratismo. O representante máximo do Legismo, o filósofo e político Han Fei (280-233 a.C.), não aceitaria a convicção taoista de uma sociedade natural e espontânea, nem a opção confuciana por um estado fundado em relações de tipo familiar e nas experiências de paradigmas ancestrais.

Os legistas foram os ideólogos da Primeira Dinastia, originária do estado ocidental de Chhin (Qin), que unificou militarmente a China em 221 a.C. O primeiro imperador estabeleceu um breve regime absolutista, pois seu sucessor foi derrubado em meio a revoltas populares. Embora o Legismo não houvesse realmente sido implantado pela primeira dinastia, estava identificado com ela e também soçobrou.[54]

Nem Han Fei nem sua escola legista sobreviveram às intrigas e crises palacianas que acompanharam a violenta unificação da China, mas as instituições políticas legistas, adaptadas às sucessivas mutações da sociedade chinesa, de certa forma sobreviveram. Quando o burocratismo confucionista instalou-se após a derrota do Legismo, adotou a antiga concepção de *li* (禮) ou lei consuetudinária, de modo que a lei natural tornou-se mais importante na China que na Europa. Seu conteúdo seria ético e social e a extensão à Natureza não humana menos provável.

---

52. NEEDHAM, J. *Science & Civilisation in China*, v. 2, p. 290.
53. *Ibid.*, p. 582-583.
54. SPROVIERO, M. B. *O Legismo na unificação política da China*.

a. As concepções chinesas de um ser supremo logo perderam as características de personalidade e criatividade.[55] Não havia nenhum deus criador cuja racionalidade fundamentasse leis da Natureza, que poderiam ser decifradas e expostas de forma abstrata pelos seres humanos.

b. A China clássica não conheceu o estágio "newtoniano" que seria essencial ao desenvolvimento de uma Ciência como se conhece historicamente. Caso as condições sociais, econômicas e culturais da China permitissem o desenvolvimento de uma Ciência chinesa, essa seria não mecanicista e profundamente orgânica.[56]

A ênfase confuciana no *li* (禮) ou lei natural consuetudinária em oposição à lei formal e explícita *fa* (法) privava a civilização chinesa clássica da metáfora legal para a expressão das leis da Natureza. Quanto aos taoistas, ao enfatizarem que o Tao não poderia ser conhecido pelo pensamento racional especulativo ou expresso na linguagem própria desse pensamento, comprometiam a expressão lógico-matemática da ordem cósmica.

O pensamento chinês relutava em expressar formalmente quaisquer leis, fossem elas estatutos jurídicos ou leis da Natureza. Assim como os estatutos jurídicos não podem ser codificações abstratas e formulações demasiado precisas, correndo o risco de se criar leis frias e desumanas, a ênfase chinesa não estava na expressão lógico-matemática das leis da Natureza que constituem a ordem cósmica, mas sim no agir com ética, a qual é o equivalente humano da ordem cósmica, que opera sem desgastes e esforços inúteis.[57]

c. Além dos fatores endógenos, tampouco o Budismo indiano teria aproximado os chineses de algo semelhante à ideia ocidental de leis da Natureza. O Budismo nega a existência de um espírito ou alma que persista após a dissolução dos componentes corporais e psíquicos do

---
55. O *deus otiosus* de Mircea Eliade.
56. Conclusão final de Joseph Needham.
57. SPROVIERO, M. B. *O Legismo na Unificação Política da China*, p. 181.

indivíduo. Mas conserva a doutrina hindu da transmigração condicionada por mérito ou demérito, segundo a qual quando um ser vivente morre, outro é produzido em um estado de existência mais favorável ou menos favorável. Isso determinaria as condições em que viveria o novo agregado ou ser vivente, ocorrendo de acordo com o Dharma ou lei ética presente no âmago do mundo dos seres sencientes.

Essa visão não poderia levar a uma concepção científica das leis da Natureza em razão da doutrina paralela de que o mundo visível é uma espécie de ilusão. O Budismo, que procura libertar os seres humanos das dores e misérias do mundo empírico, não facilitaria um estudo meticuloso desse mundo em termos científicos.[58]

Essas são as razões que explicariam por que entre os séculos II e XIV a civilização chinesa mostrou-se mais eficiente que a europeia na aplicação do conhecimento da Natureza às necessidades humanas e por que a partir do Renascimento foi suplantada pela Europa devido ao desenvolvimento da Ciência.[59]

---

58. NEEDHAM, J. *Science & Civilisation in China*, v. 2, p. 572.
59. A chamada "questão de Needham".

Terra Pura

Buda Amida de Kamakura, Japão, construído em 1252 d.C. Xilogravura de Charles W. Bartlett, 1916

O Budismo do Grande Veículo ensina que todos os seres humanos participam da ordem cósmica e ao não renunciarem à egoidade para colaborar com essa ordem sofrem as consequências dessa escolha até mudarem de atitude.[60]

"A própria natureza é envolvida no processo: as colheitas abundantes e as condições naturais aprazíveis das eras de perfeição são substituídas pelas más colheitas, pelas inundações e toda a espécie de catástrofes naturais das eras de degeneração. Tais ideias não podiam deixar de encontrar ampla aceitação na China, onde a longevidade é um ideal almejado por todos e particularmente enfatizado na mística taoista e onde as correspondências entre a ordem moral e a ordem cósmica constituem um dos temas fundamentais da historiografia oficial de inspiração confuciana. Semelhantes convergências

---

60. GONÇALVES, R. M. *Uma Obra de Ética Econômica Budista do Japão Pré-Industrial*, cap. 4, 2. Editado em livro como *A Ética Budista e o Espírito Econômico do Japão*, 2007.

de ideias certamente facilitaram o processo de aclimatação do Budismo no universo cultural chinês,"[61] a partir do qual foi levado à Coreia e ao Japão.

No início do século IX foram estabelecidas no Japão as escolas de Budismo esotérico Shingon e Tendai. Ambas ensinam que por não terem natureza própria todos os fenômenos são originalmente puros, inclusive os desejos. A essência última do real é a natureza búdica. Em condições favoráveis essa pureza original conduziria as virtualidades humanas rumo à perfeição: "todos os seres de certa forma estão 'condenados' a serem deuses algum dia, ou melhor, de tomarem consciência de sua natureza originalmente Búdica ou Divina".[62]

Uma das ramificações do Budismo do Grande Veículo é a doutrina da Terra Pura, aquela terra de supremo deleite, de verdadeira recompensa, de repouso e tranquilidade. Um estado que se contrapõe à impureza aparente dos desejos e paixões egoicas, ao esforço vão, à intranquilidade dessa terra. É o estado que permite o fim do sofrimento, levando depois ao Nirvana. Segundo a tradição da Terra Pura, um monge com o nome sânscrito Dharmakâra, em japonês Hôzo, tornou-se o bodisatva[63] Amitaba, que condicionou sua salvação à de todos os seres que chamassem seu nome. O Amidismo começou no Japão como uma das práticas das escolas esotéricas Shingon e Tendai. A Escola da Terra Pura foi fundada pelo monge *tendai* Hônen (1133-1212) e postula a salvação de todos através da prática da recitação constante de uma fórmula verbal, o *nembutsu*, expressando a entrega do fiel a Amida, o que levaria a um último nascimento na Terra Pura, onde vigoram condições propícias para o atingimento do Nirvana. Isso não aconteceria pelo poder próprio dos entes, mas pelo poder "do outro", Amitaba. Seu discípulo Shinran (1173-1263), também um monge *tendai*, fundou a Verdadeira Escola da Terra Pura. O que salvaria não seria a recitação constante do *nembutsu*, mas a vontade de Amida de libertar todos os seres, seu Voto de condicionar sua salvação à de todos que invocassem seu nome. É o próprio Amida quem faz a confiança brotar no coração do devoto.

---

61. GONÇALVES, R. M. Um Apocalipse Budista Sino-Indiano do Século IV. *Anais da VII Reunião da SBPH*, 1988.
62. GONÇALVES, R. M. *Uma Obra de Ética Econômica Budista do Japão Pré-Industrial*, cap. 4, 2.
63. Um bodisatva busca a libertação de outros mais do que de si próprio e prestes a entrar no Nirvana ele permanece na manifestação para salvar os demais.

A partir da "audição" do Voto Original, o *nembutsu* deixa de ser uma prática ascética como nas escolas esotéricas e torna-se um gesto de ação de graças dirigido ao salvador Amida.

Ao contrário de escolas esotéricas como Tendai e Shingon, que praticam a meditação acompanhada de palavras, gestos e outros meios considerados salvíficos, o fundamento da mensagem de Shinran é a consciência aguda dos limites da competência dos seres humanos quanto ao desenvolvimento de uma possível perfeição espiritual. Por isso o apelo incondicional ao "poder do outro", o bodisatva Amida.

O príncipe Shôtoku (574-621), patrono pioneiro do Budismo japonês, manifestou-se em sonho a Shinran como uma encarnação do bodisatva Kannon, que nas tríades amidistas situa-se à esquerda de Amida e representa a Compaixão. O bodisatva Seishi, símbolo da Sabedoria de Amida e situado à sua direita, apareceu em sonho a Shinran como seu mestre Hônen.

O homem religioso toma como modelo um outro que não é um simples ser humano. Amitaba Buda é o modelo transcendente do processo de desenvolvimento do fiel amidista, que objetiva tornar-se um Buda valendo-se do poder confirmador "do outro", o bodisatva Amida.

Para Shinran as pessoas de seu tempo eram seres decadentes de uma época de decadência. Ao invés de atingirem por méritos próprios um improvável Nirvana e não mais nascerem, existia para eles a alternativa salvífica de um último nascimento na Terra Pura, intermediária entre esse mundo e o Nirvana. Não é inteiramente excluída a possibilidade de um ser humano atingir a Terra Pura em vida, pois Amida é luz infinita.

Em um cosmo em sua pureza original as virtualidades humanas não seriam obstáculos como nesse mundo, levando a atritos e esforços inúteis na tentativa de superá-los. Essa superação se mostraria afinal ilusória, já que a terra em que se vive é tão impura quanto a ignorância do sujeito consciente o determine. A iluminação búdica purificaria o mundo ao purificar as mentes que o contemplam.

INDO-EUROPEUS

Norma

Os idiomas falados da Noruega à Sicília e de Portugal à Índia foram associados retroativamente a um hipotético idioma denominado indo-europeu. "A Ciência Etimológica, a Historiografia e a Antropologia Cultural se completam, à medida que cada uma dessas Ciências confirma e consolida as propostas das outras duas. Essa lacuna da reinterpretação e da recontextualização sócio-históricas da Etimologia, tão evidente nos dicionários etimológicos que partem do *terminus a quo* [ponto de partida] indo-europeu, é magistralmente preenchida por [Émile] Benveniste em *Le Vocabulaire des Institutions Indo-Européennes*."[64]

Nas antigas sociedades indo-europeias, a ordem cósmica era o fundamento do Direito e o sustentáculo do poder político. "É uma das noções cardeais do universo jurídico e também religioso e moral dos indo-europeus: é a 'Ordem' que rege tanto a ordenação do universo, o movimento dos astros, a periodicidade das estações e dos anos, quanto as relações entre os homens e os deuses, enfim dos homens entre eles. Nada que toque ao homem, ao mundo, escapa ao império da 'Ordem', pois é fundamento tanto religioso quanto moral de toda sociedade; sem esse princípio, tudo retornaria ao caos."[65]

Essa concepção transparece na linguagem e graças à visualização dos raios do Sol ou da roda de uma carruagem, a raiz indo-europeia *reg* origina palavras

---

64. OLIVEIRA, J. A. *Etimologia e Lexicografia Etimológica Hodierna*.
65. BENVENISTE, É. *Le Vocabulaire des Institutions Indo-Européenes*, v. 2, p. 100.

relacionadas a "reto", como "régua" e a "rei", como o latim *rex* e *regis*, o irlandês *ri* e o gaulês *rix*. Em sânscrito, a raiz *raj* denota reinar, dirigir, irradiar. Dela derivam as palavras sânscritas para rei, reino e região.

No grego *reg* originou o verbo *orégo*, estender para a frente uma linha reta a partir de onde se está. O latim *rectus* indica o que é reto como uma linha e na linguagem dos áugures romanos *regio* era o ponto atingido por uma linha reta traçada na terra ou imaginada no céu.

A mesma raiz indo-europeia apresenta-se nos termos portugueses "reta", "reto", "correto", "Direito", bem como no inglês *right*, no alemão *Rechts* e no adjetivo nórdico *raiths*. No latim, *regula* é tanto "regra" quanto o instrumento para traçar a reta, a régua.[66]

O latim *norma* designa um esquadro de carpinteiro, instrumento para traçar ângulos retos e a palavra inglesa *norm* tem o sentido primeiro de "ângulo reto". *Norma* origina-se do grego *gnomon*, a haste indicadora do relógio solar, instrumento mesopotâmico cuja introdução na Grécia é atribuída ao filósofo Anaximandro (c. 610-546 a.C.).

Gnomon e *gnosis* compartilham a raiz indo-europeia *gna*, pois através do indicador do relógio solar é possível saber (*to know*) a hora e "norma" é relacionada a *gnosis*, sabedoria.[67] *Gnomon* também significa "intérprete", como o que sabe interpretar a fisionomia (*phisiognomia*).

A raiz *ar*, tão familiar por sua presença na palavra "arte", apresenta-se nos termos indo-europeus que veiculam a ideia de ordem cósmica, como o iraniano antigo *arta*. Também em iraniano arcaico *ratu* significava "articulador" e a divindade suprema Ahura Mazda é o *ratu* dos deuses, assim como o profeta Zoroastro (c. 1000 a.C.) é o *ratu* dos seres humanos.[68]

---
66. MONTENEGRO, L. P. de M. *"Dyuta"*, *"Dharma"*: dever divino, glória guerreira, p. 32-34.
67. SKEAT, W. W. *The Concise Dictionary of English Etymology*, p. 178-179, 308 e 589.
68. BENVENISTE, É. *Le Vocabulaire des Institutions Indo-Européenes*, v. 2, p. 100-101.

No *Avesta* a estabilidade da ordem social e cósmica é *asha*, que nasceu de Ahura Mazda, liderando a hierarquia de abstrações personificadas que compõem seu séquito. Em avéstico, aplicava-se o termo *druj* ou *drug* a tudo o que não estivesse acorde com a ordem cósmica, como a impiedade, a heresia, a desordem social e as enfermidades.

A mesma raiz indo-europeia *ar* conduz aos termos gregos *ararísko*, adaptar, harmonizar, ajustar; *artús* e *artúno*, arranjar, equipar; *arthmós*, junção, ligação e *árthron*, articulação, membro. Também nas palavras latinas *artus*, articulação e *ritus*, rito.[69]

Na Roma arcaica, a ideia da ordem cósmica exprime-se através da noção de *fas*, derivada da raiz indo-europeia *dhe*,[70] "fundar", "estabelecer", sendo o *fas* o fundamento invisível e sagrado do cosmo.[71]

"O *fas* sustenta as condutas humanas, torna possíveis as ações empreendidas. Aquilo que é *fas* não pode ser discutido. Um momento do tempo, uma porção do espaço são decretados fastos ou nefastos, segundo eles deem ou não à ação humana esse sustentáculo quase místico que constitui sua real oportunidade de sucesso. Assim, é *fas* o que está conforme à norma cósmica, o que se integra a uma ordem universal. A expressão ritual *fas est* não é para ser entendida como a expressão de uma permissão: 'É permitido pelos deuses fazer isso', mas sobretudo como uma referência a uma lei de organização fundamental do mundo: 'está conforme a ordem das coisas'. O *fas* define, em um nível superior, o aspecto normal de toda ação."[72]

Qualquer acontecimento que pudesse ameaçar a ordem cósmica recebia uma atenção extraordinária, pois tudo o mais também periclitaria. "O paganismo romano atribuía uma importância muito grande ao estudo e à interpretação dos prodígios, à análise das anomalias no curso aparente das coisas, como

---

69. *Ibid.*
70. MESLIN, M. *L'Homme Romain*, p. 22.
71. Benveniste (*Le Vocabulaire des Institutions Indo-Européenes*, v. 2, p. 133) associa o latim *fas* à raiz indo-europeia *bha*, "falar". *Fas est* é o permitido pela lei divina. *Jus est* é o permitido pela lei humana.
72. MESLIN, M. *L'Homme Romain*, p. 22-23.

aqueles acontecimentos cuja banalidade intrínseca é revestida de uma forte valorização psicológica. Para os homens da Antiguidade clássica, todas as rupturas da ordem do mundo – quer se trate de fenômenos extraordinários de uma Natureza em que os mecanismos permaneciam ignorados ou de particularidades assustadoras de seres viventes – eram naturalmente interpretadas como sinais funestos, manifestando a irrupção brutal de um sagrado maléfico."[73]

Tais incidências que feriam a ordem do cosmo eram classificadas em categorias como *prodigium*, *ostentum*, *portentum*, *miraculum* e *monstrum*. Os pontífices romanos interpretavam fatos inusitados como presságios a serem desvendados e seguidos das ações ritualísticas adequadas.

O *fas*, enquanto ordem cósmica, refletia-se no plano humano ético e jurídico através do conceito de *jus*. A palavra *jus* é relacionada com o indo-iraniano *yaos* ou *yaus*, veiculando a "ideia de integridade e perfeição, que é ou não devida à observância de um estado de regularidade, normalidade requerida pelas regras".[74]

Ao mesmo tempo em que o *fas* como ordem cósmica informa o *jus* enquanto ordem nos negócios humanos, esse é uma constelação de direitos e deveres, benesses e obrigações, atribuindo a cada um seu lugar na comunidade.

"É certo que o *jus* leva em conta a ordem do mundo definida pelo *fas*: nenhum ser pode existir sem referência a uma ordem superior. Mas o *jus* delimita ao mesmo tempo a área de pretensão legítima de cada um em relação a essa ordem das coisas, segundo o caso preciso, concreto, que se apresenta cotidianamente. É então evidente que o *jus* de um vai inevitavelmente de encontro ao *jus* do outro, pois se define em parte em relação àquele. Assim, é da confrontação e da regulamentação desses múltiplos *jura* que vai nascer o Direito."[75]

Ao precisar o *jus* de cada um, o rei romano arcaico age como *judex*, o juiz que enuncia o Direito.

---

73. MESLIN, M. *Le Christianisme dans l'Empire Romain*, p. 169.
74. MESLIN, M. *L'Homme Romain*, p. 23.
75. *Ibid.*

Segundo Émile Benveniste, na Grécia homérica arcaica a raiz *dhe* (estatuto) originou *thêmis*, o Direito familiar, sendo *dikê* o Direito relativo às relações entre as várias famílias da mesma tribo.[76] Assim como em grego *thêmis* se distinguiria de *dikê*, do mesmo modo em latim *fas* (direito divino informal) seria distinto de *jus* (direito humano formal).[77]

Em outra interpretação de Michel Meslin, na Roma arcaica não haveria a dicotomia *fas* (direito divino) e *jus* (direito humano), distinção própria do mundo clássico, popularizada na era helenística e desenvolvida em Roma por Cícero (106-43 a.C.). Ambas as posições reconhecem a centralidade da ideia de ordem cósmica na Grécia e Roma arcaicas e clássicas.

Na mitologia grega, a ordem cósmica era personificada pela deusa do Direito, Thêmis, nome derivado da raiz *dhe*, significando "estatuto". Era filha da união do Céu e da Terra, Urano e Gaia. Com o rei dos deuses Zeus ela gerou as Horas (estações), deusas que presidiam a ordem natural e a justiça humana: Eunômia (Boa Ordem), Dikê (Justiça) e Irene (Paz).

Em termos filosóficos, a concepção helênica de ordem cósmica era denominada Logos, da mesma raiz indo-europeia *le* que origina "lei" e termos afins.

"A palavra *logos* tem um âmbito extremamente amplo de significados. Aqueles que mais nos concernem aqui são os dois que os estoicos distinguiram como *logos endiathetos* e *logos proforikos* – o *logos* na mente e o *logos* proferido i.e. 'pensamento' e 'palavra'. [...] Se ele é ou não realmente proferido (ou escrito) é um assunto secundário, quase um acidente; de qualquer modo é *logos*. Está subentendida a ideia do que é ordenado racionalmente, tal como 'proporção' em Matemática ou o que chamamos de 'lei' na Natureza."[78]

---

76. BENVENISTE, É. *Le Vocabulaire des Institutions Indo-Européenes*, v. 2, p. 99-105.
77. *Ibid.*, p. 111.
78. DODD, C. H. *The Interpretation of the Fourth Gospel*, p. 263.

Rito

Em meados do segundo milênio a.C. populações nômades pastoris de língua indo-europeia, que se denominavam *arya* ("nobre") habitavam o Punjab e por volta de 1200 a.C. migraram para Leste. É a época dos Vedas, redigidos em sânscrito arcaico. *Veda* significa Sabedoria, provindo da raiz *vid*, relacionada ao latim *videre*, "ver". Os Vedas incluem quatro coleções: o *Rig-Veda*, com laudações às divindades; o *Sama-Veda*, cantos inspirados no *Rig-Veda*; o *Yajur-Veda*, corpo de fórmulas sacrificiais e o *Atharva-Veda*, dedicado à magia.

Na literatura indiana é no *Rig-Veda* que surge o conceito de *rta*, citado centenas de vezes nesses hinos, enfatizando que a criação foi realizada segundo o *rta* e que os deuses agem de acordo com ele, que governa os ritmos naturais, os ritos e a conduta ética. A sede do *rta* é o mais alto dos céus.

Rta é o particípio passado de um verbo com a raiz *ar*, no sentido de articular, adaptar e agenciar. Como substantivo neutro, *rta* significa ordem, lei, verdade, Direito, santidade, ato sagrado e oferenda. Essa palavra designa a noção fundamental da ordem do mundo subjacente aos fenômenos, simultaneamente ética, cósmica e ritual; a verdadeira realidade que rege um cosmo previsível. "Os processos cuja permanente autossemelhança ou cuja reprodução regular evocam a ideia de ordem obedecem a *rta* ou seu acontecer é *rta*."[79]

Rta é o cosmo harmônico, cujo antônimo é *anrta*, o mundo desordenado, a dissolução. O mundo onde reina *rta* é o cosmo "bem feito" e "completamente adaptado".[80]

A partir do agenciamento do deus celeste Varuna, o cosmo surge como um dom, dádiva ou oferenda que resulta da separação do Céu e da Terra, originando o espaço livre que permite o movimento da luz do Sol, do vento e das águas celestes, regidos por *rta*. Este é descrito como uma quintessência ou éter que envolve o mundo como uma rede.

---

79. OLDENBERG, H. Die Religion des Veda. *Apud*: GLASENAPP, H. *El Budismo, una religión sin Diós*, 1923, p. 72.
80. SILBURN, L. *Instant et Cause*, p. 12-13.

"A doutrina nesse aspecto não pode ser mais bem demonstrada do que por meio de um diagrama consistindo de dois círculos concêntricos, com seu centro comum e dois ou mais raios ou pelo correspondente símbolo védico da roda (*cakra*) com seu aro, eixo e raios."[81] É a "roda do *rta*", uma roda de carruagem que simboliza os circuitos percorridos pelo Sol em seu giro cotidiano e anual, produzindo o ano com suas cinco estações, seus doze meses e seus setecentos e vinte períodos diurnos e noturnos. *Rtu* designa a sucessão ordenada das estações do ano. Os cubos da roda da ordem cósmica estão adaptados ao eixo do *rta*.[82]

Os primeiros discípulos de Buda perante a Roda da Lei, representada como uma roda de carruagem. Parque Isipatana, Sarnath, Índia

A mitologia indiana liga ao *rta* uma tríade de semideuses "técnicos", os *rbhu*, "articuladores", dedicados aos ofícios de ferreiros e carpinteiros de carruagens. "É por essa razão que uma carruagem cujas partes estão convenientemente adaptadas recebe o epíteto de *rbhuva* (*Rig-Veda* I, 56: 1) e a carruagem sacrifical que transporta o sacrificante à imortalidade, graças ao girar incansável de sua roda no bom eixo, é o símbolo adequado dessa atividade organizadora que ajusta perfeitamente uns aos outros os espaços e tempos."[83]

O *Rig-Veda* descreve como os *rbhu*, a partir de uma única taça fabricada pela deusa Tvastr, fizeram quatro taças brilhantes como o dia. Esse mito descreve

---

81. COOMARASWAMY, A. K. *Metaphysics*, p. 178.
82. Origem de símbolos indianos após 500 a.C., como a roda da transmigração dos *Upanishades* e o *dharmacakra*, a Roda da Lei budista.
83. SILBURN, L. *Instant et Cause*, p. 26-27.

simbolicamente como as quatro direções do espaço foram estabelecidas a partir da unidade espacial indiferenciada, o que foi realizado "dizendo o rta".[84] *Rta* também se apresenta na ritualística, pois o rito é o "ato eficaz", a capacidade de fazer convergir as ações que implementam o articulamento que resulta na boa ordem.

"Considerados em sua sucessão, os atos são agenciados segundo uma ordem coerente, o *rta*, fundamento da estabilidade e da duração do cosmo. Se o tempo dos atos acordados é particularmente eficaz é porque os sacerdotes (*rtvij*) conhecem os *rtu*, os atos cumpridos em seu justo tempo e em seu justo lugar e que se integram, desse modo, em um cosmo onde formam a ordenação. Graças à sua ciência das normas, os sacerdotes constroem um tempo que escapa a toda evanescência, pois é um tempo intencionado e pensado por seres previdentes, um tempo que responde a um desígnio. É isso que explica que a obra bem feita (*sukrta*) confira um mundo igualmente bem feito, muito tempo após o sacrifício ser cumprido."[85]

A concepção de *rta* foi posteriormente acobertada por múltiplas personificações. Os deuses Vayu (vento) e Varuna (céu) tornam-se os "mestres de *rta*" (*rtaspati*) e *rta* veio a permanecer de certa forma oculto em meio ao panteão hindu.[86]

O período védico da História indiana durou cerca de um milênio, em cujo decorrer a palavra *rta* vai paulatinamente deixando de ser empregada para designar a ordem universal, sendo aos poucos substituída no sânscrito clássico por *dharma*, que com o mesmo sentido continua a ser utilizada pelos hindus que falam e escrevem o sânscrito. Em seu sentido corrente nos textos clássicos, *dharma* significa decreto, estatuto, justiça, lei.

Rta é sempre citado no singular, enquanto o Dharma, como lei que sustenta a ordem cósmica, sobrepõe-se aos diferentes dharmas, os elementos, objetos e experiências que compõem o universo.

---

84. *Ibid.*, p. 27.
85. *Ibid.*, p. 43.
86. NEEDHAM, J. *Science & Civilisation in China*, v. 2, p. 571-572.

Enquanto nos Vedas a manutenção de *rta* depende antes de tudo da exatidão com que eram executados os rituais, o Dharma é mantido pelo ser humano por meio do comportamento ético. Enquanto o soberano védico garantia a ordem do cosmo oferecendo sacrifícios, o monarca dos tempos clássicos velava pela boa ordem através da conduta ética mais do que pelo sacrifício. Entre os conceitos de *rta* e *dharma* existe uma relação que é ao mesmo tempo antitética e complementar.[87]

Dharma constituiu-se a partir da raiz *dhr*, aparentada com o latim *firmus*, com o sentido etimológico de firmar, preservar e guardar. É possível relacionar a raiz sânscrita *dhr* ao grego *dhrys*, que resultaria no latim *druida*, pois *dhr* é o que "mantém-se em seu próprio direito com uma autossuficiência intrínseca" e um dos símbolos dessa ideia seria o carvalho sagrado dos druidas.[88]

Significa aquilo que está estabelecido ou firme, ordenação, lei; dever; Direito, justiça, também com o sentido de punição; virtude, ética, religião, o que está acorde com o Direito ou a regra, o correto, justo, acorde com a natureza do ente em questão; Lei ou Justiça personificadas.[89]

O antônimo de *dharma* é *adharma*: injustiça, desordem, maldade, irreligiosidade e falta de retitude. É a recusa ou negligência de um ente quanto à vocação ou chamado de sua substância própria, ou a seu papel no concerto geral das coisas, levando a consequências indesejáveis, como o desrespeito à hierarquia, a quebra da harmonia cósmica e outras formas de desequilíbrio.

O *dharma* é "substância" no sentido etimológico do que "está embaixo"[90] de um ser e o sustenta. É a partir dessa substância que o ente tem seu modo característico de ser, suas propriedades, qualidades e propensões.

Como todas as coisas têm seu *dharma* próprio, cada ser humano (em termos hindus, cada casta) tem seu *dharma* específico, o "*sva-dharma* é a lei natural

---

87. ESNOUL, A.-M. L'Hindouisme. *In*: PUECH, H. C. *Histoire des Religions*, v. 1, p. 996-998.
88. PALLIS, M. *A Buddhist Spectrum*, p. 103. ERNOUT, A.; MEILLET, A. *Dictionnaire Étymologique de la Langue Latine*, verbete *firmus*.
89. MONIER-WILLIAMS, M. *A Sanskrit-English Dictionary*, verbete *dharma*.
90. Em latim *sub stare*.

do ser próprio de cada um e assim, ao mesmo tempo, o 'destino' e o 'dever' de cada um, que é também a tarefa própria ou vocação (*sva-karma*) de cada um".[91] O *dharma* bem compreendido exterioriza-se em comportamento ético, um comportamento confirmador tanto em relação ao próprio ser quanto aos outros.

É a partir de seu *dharma* que um ser ou conjunto de seres recebe seu papel no jogo universal das formas e processos. "A mesma noção se pode aplicar não só a um ser único, mas a uma coletividade organizada, a uma espécie, a todo o conjunto dos seres de um ciclo cósmico ou de um estado de existência ou até à ordem total do universo."[92]

A concepção de *dharma* é dotada da virtude dialética de dar conta tanto do aspecto substancial quanto fenomenológico, abrangendo tanto o ser quanto o devir. O *dharma* não qualificado refere-se à substância última dos seres em um sentido universal. O *dharma* qualificado refere-se ao plano dos particulares.

A ideia de *dharma* presta-se tanto à compreensão da não diversidade primeira dos seres quanto de sua diversidade empírica e fenomenológica. No primeiro caso, temos um Dharma único; no segundo, uma multiplicidade de dharmas.

Assim como o que está de acordo com o *rta*, no sânscrito clássico, a concordância com o *dharma* designa "o que acontece de modo natural e correto", "normalmente", "em ordem".[93]

Como o Dharma se dá a conhecer é a preocupação da escola hindu Mimansa. O primeiro texto dessa corrente é o *Comentário de Sabarasvamin* do século V d.C. Segundo ele a Escritura está isenta de erros por não ter qualquer autor, humano ou divino, sendo uma autorrevelação do Dharma aos seres humanos. Assim como o Dharma é atemporal, sua revelação também é atemporal. Essa revelação seria um complemento inteligível do Dharma inacessível.

---

91. COOMARASWAMY, A. K. *The Bugbear of Literacy*, p. 145.
92. GUÉNON, R. *Introducción General al Estudio de las Doctrinas Hindues*, p. 181-182.
93. COOMARASWAMY, A. K. *The Bugbear of Literacy*, p. 145.

A concepção de Dharma não é exclusiva do Hinduísmo, mas uma herança comum que esse divide com duas outras religiões de origem indiana, o Jainismo e o Budismo. Ela é assim descrita por um autor budista:

"Os Budas nasceram do Dharma, têm-no como sua luz, como seu âmbito. Todas as coisas ricas em bênçãos, mundanas e transmundanas, são nascidas do Dharma, surgidas do Dharma. O Dharma é o mesmo para todos os seres, não distingue entre seres humanos inferiores, médios e superiores. O Dharma nada faz com prazer, é imparcial. O Dharma é atemporal, independente do tempo, diz a cada um 'vem e olha', deve ser experimentado por cada um. Atua tanto nos puros como nos contaminados, nos santos como nos mundanos, no dia e na noite. É incomensurável como o espaço, não desaparece nem cresce. Não é protegido pelos seres, mas protege os seres. Não busca refúgio, mas é o refúgio de todo o universo. O Dharma é irresistível. Não tem temor ante a transmigração, nem está preocupado com o Nirvana, pois o Dharma não vacila nunca."[94]

---

94. Passagem do *Siksa-samuccaya* de Santideva, século VII d.C. Entre as diferentes versões desse clássico ver GOODMAN, C. *The Training Anthology of Santideva. A Translation of the Siksa-samuccaya*, 2016, p. 300-301.

CRESCENTE FÉRTIL

Retitude

Por volta de 3200 a.C. surgem no Egito a escrita hieroglífica e o Estado faraônico, com a unificação política do vale do Nilo e do Delta. Os elementos mais importantes da vida material e cultural datam das cinco primeiras dinastias e nos dois milênios seguintes relativamente pouco foi acrescentado.

Os textos das pirâmides do Antigo Reino a partir de c. 2500 a.C. passam a referir-se a *maat*, uma das concepções fundamentais do pensamento egípcio. Segundo John Wilson, *maat* e a divindade do faraó são os dois mais importantes conceitos da antiga ideologia egípcia, permitindo a constituição do Estado faraônico.

"É possível reduzir os estragos do tempo e o perigo do futuro assegurando o eterno e imutável. Se os fenômenos temporários e transitórios podem ser relacionados ao atemporal e estável, dúvidas e medos podem ser reduzidos. Os antigos o fizeram pelo processo de mitopoese, pelo qual se assegurava que os fenômenos e atividades de seu pequeno mundo fossem lampejos da eterna e pétrea ordem dos deuses. É assim que esse pequeno faraó que sentava-se no trono do Egito não era nenhum ser humano transitório, mas o mesmo 'bom deus' que tinha sido desde o Princípio e o seria por todos os tempos. Desse modo, o relacionamento dos seres não era algo que tinha que ser conseguido dolorosamente em uma evolução rumo a condições ainda melhores, mas estava magnificamente livre de mudança, experimento ou evolução, uma vez que tinha sido inteiramente bom desde o Princípio e precisava apenas ser reafirmado em sua retitude imutável. Aspectos do reinado divino ou de *maat* podiam estar sujeitos a calamidades ou desafios temporários, mas a aceitação dos aspectos gerais desses dois conceitos veio a ser fundamental porque davam ao homem temeroso a libertação da dúvida através da operação do imutável."[95]

Não havia termo de comparação entre os estreitos horizontes das povoações neolíticas e o novo universo de uma civilização sofisticada. A ordem cósmica instalada quando da criação do mundo e a ordem social instaurada pelos primeiros faraós eram perfeitas e harmônicas entre si. Qualquer mudança nessa ordem perfeita representaria um risco grande demais de voltar ao caos do mundo pré-faraônico.

"O ciclo pré-histórico, do qual ele ainda estava se levantando, tinha um respeito sagrado pelas tradições, por todas as tradições. Era, com efeito, criando-as e conservando-as intangíveis, para assegurar e transmitir os progressos realizados, que a humanidade conseguira sair da barbárie e garantir-se da recaída nela."[96]

Um hieróglifo da palavra *maat* (▭) representa a retilinidade do pedestal e o fundamento do trono faraônico, por sua vez uma imagem da colina primordial que surgiu do caos aquático quando da emersão do mundo.[97] Em seu sentido primeiro, *maat* expressa o conceito geométrico e espacial de "reto" ou "plano".[98] Esse sentido concreto foi remetido ao ético por meio de uma transposição semântica: o sentido de "reto" e "plano" foi abstraído como "retitude", "correção", "Direito", "justiça" e "verdade". Seus antônimos eram "falsidade", "engano", "mentira" e "desordem".

Outro hieróglifo para *maat* é a foice (𓌳), não a morte que "ceifa" a vida, mas um instrumento ordenador, ferramenta que aplaina e regulariza um terreno. *Maat* (𓐙) é representada na forma de uma mulher ereta, sentada ou dupli-

---

95. WILSON, J. A. *The Culture of Ancient Egypt*, p. 48-49.
96. DRIOTON, É. A religião egípcia. *As religiões do Antigo Oriente*, 1958, p. 59.
97. MORENZ, S. *La Religion Égyptienne*, p. 157.
98. Em grego *kanon* ("caniço") é uma vara reta ou régua de pedreiro; em abstrato um cânone, regra ou lei.

cada, que traz nas mãos a cruz ansata (*ankh* ♀), símbolo da vida. Sua cabeça está ornada com uma pena de avestruz, outro hieróglifo de *maat* ( ).

Maat

Maat é a ordem perfeita da Natureza e da sociedade instituída pelo ato criador divino. Em um sentido é exatidão e correção e em outro, ordem, justiça, o Direito e a verdade. Ela é doada ao faraó e a todos os membros da sociedade para que a mantenham, expulsando sua antítese, a desordem, a mentira e a injustiça. A regra que rege regularmente os ritmos do universo e o equilíbrio que faz as coisas se manterem em seus lugares justos é também a veracidade, que faz com que as palavras sejam adequadas às coisas; o Direito na elaboração das normas jurídicas e a justiça em sua aplicação; a equidade no julgamento e a retitude em pensamento e ato.

"Se a traduzirmos por 'ordem' ela era a ordem das coisas criadas, físicas e espirituais, estabelecida no princípio e válida para todos os tempos. Se a traduzirmos por 'justiça', não era simplesmente a justiça em termos de administração legal; era o justo e próprio relacionamento entre governantes e governados. Se a traduzirmos por 'verdade', devemos lembrar que, para os antigos, as coisas eram verdadeiras não porque fossem suscetíveis de teste e verificação, mas porque eram reconhecidas como estando em seus lugares próprios e verdadeiros na ordem criada e mantida pelos deuses."[99]

---

99. WILSON, J. *The Culture of Ancient Egypt*, p. 48.

O dever primordial do rei é praticar *maat* e fazê-la praticar para que o equilíbrio perdure. Os decretos do faraó são promulgados tanto por um ato autoritário de governo quanto por seu conhecimento da natureza de Maat.[100] Relações especiais vigiam entre Maat, o fundamento da autoridade faraônica e o próprio faraó:

"Supunha-se que o faraó agia arbitrariamente? Não. O rei está submetido à obrigação de manter Maat; traduz-se geralmente essa palavra por 'verdade', mas ela em realidade significa a 'boa ordem', a estrutura inerente à criação, da qual a justiça faz parte integrante. Assim o rei, em meio ao isolamento de sua divindade, assume uma responsabilidade imensa. Amenófis III empenhou-se em fazer o país tão florescente quanto era nos tempos primordiais, empregando as disposições de Maat. Naturalmente, Maat é personificada, é uma deusa, filha do deus solar Ra, que por meio de seu circuito regular, fornece a manifestação mais flagrante da ordem estabelecida no cosmo. Assim é dito do rei: 'A palavra criadora (*hu*) está dentro de tua boca. A compreensão (*sia*) está dentro de teu coração. Teu discurso é o santuário da verdade (*maat*)'. Eis porque, quando os negócios públicos periclitam, nos encontramos em uma situação paradoxal. Isso é muito bem expresso por Ipur quando descreve a anarquia do primeiro Período Intermediário (é preciso inserir nesse texto os advérbios para compreender a lógica sob o enredamento das censuras endereçadas ao rei): 'Hu, Sia e Maat estão contigo. (Contudo) é a confusão que tens espalhado através do país com o ruído do tumulto. Eis que se usa de violência um para com o outro. (Entretanto) o povo conforma-se ao que tu ordenaste'.[101] Já que é a vontade do rei divino que se realiza, é preciso que a anarquia que medra no Estado seja sua obra, embora ele possua os instrumentos da ordem, autoridade, discurso, compreensão, verdade. O rei é portanto reconhecido como responsável, mas como é divino a comunidade não pode agir contra ele."[102]

---

100. MORENZ, S. *La Religion Égyptienne*, p. 164.
101. "A autoridade e a justiça estão contigo; mas é a confusão que instalas em todos os recantos do teu país, juntamente com o rumor das querelas. Eis que cada um se lança sobre o seu próprio vizinho; os homens executam as ordens que lhes deste". ELIADE, M. *História das Crenças e das Ideias Religiosas*, tomo I, v. 1, 1978, p. 127.
102. FRANKFORT, H. *La Royauté et les Dieux*, p. 85-86.

Em uma época denominada *Zep Tepi* ("a primeira vez"), em sua criação, o mundo foi dotado de uma ordem perfeita, *maat*. Essa ordem manifesta-se nas regularidades cósmicas, com seus ciclos e ritmos próprios, como o curso dos astros, a sequência das estações, as fases da Lua, os ritmos da vida vegetal, a cheia e a vazante do Nilo e a alternância de dia e noite. Com o fim dessa época paradisíaca, a ordem perfeita passou a estar sempre ameaçada pelo caos, simbolizado mais tarde pela serpente Apófis. Há que manter as coisas o mais fiéis possível a como elas foram criadas na "primeira vez", inclusive os elementos culturais como a escrita, o calendário, a arquitetura dos templos, as insígnias reais, os rituais. Qualquer mudança no que já é perfeito por definição ameaça introduzir a desordem e reduzir novamente o mundo a seu estado larvar e indiferenciado, o caos:

"Antes que se iniciasse a organização do atual universo, não existiam a morte nem a desordem. Sem embargo, apenas começada sua gênese, Rá teve que travar combate contra misteriosos inimigos que, na mitologia posterior, serão substituídos por Apófis, a eterna serpente rebelde. Admitia-se, por outro lado, a existência de uma Idade de Ouro, um tempo em que Rá e os deuses primordiais residiam aqui embaixo: Maat reinava sobre a terra. A fome, o ruir das casas, a rapacidade dos sáurios, a mordida das serpentes eram coisas desconhecidas (os espinhos nem sequer picavam). Narra-se como um complô dos deuses contra o Sol envelhecido o havia obrigado a retirar-se sob o corpo da vaca celeste e flutuar para sempre ao redor de nossa Terra. Esse exílio de Deus foi, sem dúvida, o fim do reino absoluto de Maat e o princípio do sofrimento. Admitiu-se ademais, em determinada época, que o Sol havia dado por igual o alento e a água a todos os homens e que os havia criado iguais. Mas 'eles é que transgrediram, em seu coração o que ele lhes havia dito'. O célebre mito de Osíris, Seth e Hórus, cujo significado inicial ainda se discute, talvez não tivesse em suas origens mais alcance que o jurídico e funerário. Sem embargo, ao término de uma evolução que fez de Seth, antes defensor de Rá e patrono de metade de seu reino, um demônio destruidor, parece que os sacerdotes da Baixa Época[103] basearam seus rituais defensivos em uma espécie de dualismo: de uma parte Rá, Osíris e a maioria das

---

103. Inclui a última fase em que o Egito esteve sob governo autóctone, terminando por volta de 350 a.C.

divindades locais que representam a boa ordem do universo, a felicidade do Egito e de seus habitantes, as forças de vitória, de saúde e de sobrevivência; de outra, o exército das forças de destruição, no qual confraternizam Seth, Apófis, os demônios, os animais perigosos e as enfermidades, os bárbaros e as facções rebeldes."[104]

Durante o Primeiro Período Intermediário (c. 2200-2050 a.C.), ocorrem revoltas de camponeses, dispersão geográfica do poder e guerras civis. Pela primeira vez, o cosmo egípcio é abalado e as criações literárias desse período refletem a perplexidade e o pessimismo que tomam conta da consciência egípcia. "Lançam Maat fora, o mal senta-se no conselho", lamenta-se um certo Ankhu. Após mais de um século de caos, por volta de 2050 a.C., o faraó Mentuhotep II reunifica o país e restabelece a ordem.

Sendo Maat o fundamento último do trono real, reconhece-se no faraó seu poder ordenante e sua força vivificante. Um hino a Sesostris III, que reinou por volta de 1878 a 1839 a.C., proclama que "ele veio a nós, ele faz viver os egípcios. Ele faz viver os nobres, ele abre a garganta dos plebeus para fazê-los respirar".[105]

Protegido ao Norte pelo Mediterrâneo, a Oeste pelo deserto e a Leste pelo Mar Vermelho, o Egito nunca conhecera uma ameaça estrangeira efetiva, até que, por volta de 1650 a.C., ocorreu a invasão dos hicsos, nômades vindos do Nordeste. Eventualmente, os egípcios conseguiram dominar os elementos bélicos que inicialmente haviam decidido a guerra a favor do inimigo, a carruagem de assalto movida a cavalo, a armadura e o arco composto. Um século depois da invasão, Tebas deflagra a guerra de libertação, cujo término vitorioso leva à instalação da XVIII dinastia e à fundação do Novo Reino.

Durante uma das poucas descontinuidades endógenas na história do Egito faraônico, o breve período amarniano (c. 1350-1330 a.C.), o faraó Akhena-

---

104. YOYOTTE, J. El Pensamiento Prefilosófico en Egipto. *História de la Filosofia*, v. 1, p. 20.
105. DERCHAIN, P. Le rôle du roi d'Egypte dans le maintien de l'ordre cosmique. *In*: HEUSCH, L. de *et al. Le Pouvoir et le Sacré*, v. 1, p. 69.

ton aboliu quase todas as divindades, com exceção dos deuses solares Aton e Rá-Harakhtes, Maat e o próprio faraó. O conceito de Maat é fundamental na nova religião, que enfatizava a ideia de "viver em *maat*", viver com naturalidade. Isso teve como consequência nas artes figurativas o chamado "naturalismo" de Amarna, bem como o relaxamento da rígida etiqueta da corte e uma linguagem mais acessível ao povo nos decretos régios e inscrições oficiais.

O fato de Maat ser um dos valores máximos da "revolução" de Akhenaton não impediu que um de seus sucessores imediatos invocasse a mesma Maat enquanto seu restaurador. Uma inscrição de Tutancâmon afirma que "ele pôs *maat* [ordem] no lugar da desordem". Outro texto relata que Tutancâmon "expulsou a desordem dos Dois Países e Maat está firmemente instalada; ele o fez de modo que a mentira seja em abominação e a terra é como na origem".

São recorrências da antiga fórmula em que o advento de um novo faraó é visto como um outro começo, em que a ordem natural das coisas é restabelecida com o frescor das origens.

Merneptah, que reinou por volta de 1213-1203 a.C., é assim glorificado: "Os bons dias são chegados, um senhor surgiu em todo o país e a oposição foi rebaixada a seu lugar, o rei do Alto e do Baixo Egito, senhor dos milhões de anos, grande na realeza como Hórus, Baenra Meri Amon, ele inundou o Egito de festas; o filho de Ra, excelente entre todos os reis, Merneptah. Que todo homem de bem venha e veja! A justiça (*maat*) venceu a mentira; o pecado foi asperamente censurado; todas as gentes ávidas estão domadas. O Nilo eleva-se, ele não reflui demais; a cheia eleva-se muito alto, os dias são longos e as noites têm suas horas, a Lua vem com exatidão, os deuses estão satisfeitos e felizes. Vive-se em admiração e a rir".[106]

O final do reinado de Ramsés III foi atribulado a ponto de registrar a primeira greve de trabalhadores da História, por volta de 1160 a.C. em uma localidade perto de Tebas, bem como intrigas palacianas e problemas nas fronteiras. A coroação de Ramsés IV foi recebida com alívio pelos conservadores egípcios.

---

106. DERCHAIN, P. Le rôle du roi d'Egypte dans le maintien de l'ordre cosmique. *In*: HEUSCH, L. de *et al. Le Pouvoir et le Sacré*, v. 1, 1962, p. 68.

"Dias felizes! O Céu e a Terra estão em alegria, pois tu és o grande senhor do Egito. Os que estavam em fuga regressaram às suas vilas, os que se escondiam saíram; os esfomeados estão saciados e não mais têm fome; os que estavam nus vessem-se, os que estavam sujos são vestidos de linho, os que estavam na prisão se lançam fora; aqueles que atribulavam o país tornaram-se pacíficos. O Grande Nilo sai... Eles molham a face dos... (?) As viúvas, seus lugares se abrem por... As companheiras são felizes em emitir seus cantos de prazer (?). Elas têm os meninos que criam para os homens. Está bom. Ele faz existir uma bela geração."[107]

Maat é representada segurando o *ankh*, símbolo da vida: "Existem entre Maat e a vida, considerada como força fundamental do universo, certas relações, uma e outra sendo o elemento conservador que deve ser especialmente mantido para que todo o resto dure", pois no pensamento egípcio antigo "a força suprema que mantém todo o universo no estado em que o quis o demiurgo, é a vida",[108] e esse estado é Maat.

Representação egípcia de uma balança com a pena de avestruz (*maat*) como o aferidor, cujo fio de prumo sustenta o peso, um vaso representando o coração

Na mitologia, enquanto deusa do Direito, Maat participava do séquito de Osíris, o deus que presidia o tribunal que julgava os mortos. O aposento em que se dava o julgamento era a Sala de Maat, em cujo centro via-se uma balança. Em um dos pratos da balança repousava o coração do morto e no outro um símbolo de Maat, geralmente a pena de avestruz ( ). A pessoa julgada não deveria estar com o coração "pesado", mas "leve" como uma pluma.

---
107. *Ibid.*, p. 68-69.
108. *Ibid.*, p. 72-73.

A deusa Maat personificada é filha e conselheira de Rá e irmã e esposa de Thot, que, além de mestre da magia e versado em artes como desenho e música, era o deus "científico" por excelência, pois concebera as ciências conhecidas no Egito, como Hidrologia, Meteorologia, Agrimensura, Cronologia, Aritmética, Astronomia, Geometria, Arquitetura e Medicina. Mas o grande trunfo do deus civilizador foi a invenção da escrita, que permitiu aos egípcios conservar os ensinamentos do próprio Thot e assim não recair na barbárie.

A ritualística reflete a dimensão atribuída à ideia de ordem no seio do pensamento egípcio. Maat é representada no lugar de honra dos templos, o fundo do santuário. O faraó é visto ofertando Maat ao deus do respectivo santuário no momento culminante do ritual. O fato de o rei ofertar aos outros deuses *maat*, fundamento de seu trono, simboliza que estava cumprindo sua função divina de reinar em benefício deles.

A oferenda poderia ter duas formas básicas, a de uma pequena estatueta da deusa ou uma joia em forma de pena de avestruz, e mesmo de mantimentos, pois os deuses alimentavam-se de *maat*, ou seja, de verdade, justiça e ordem. Essa era a oferenda que eles mais apreciavam dentre todas. As ricas ofertas materiais eram meros símbolos de Maat. Por fim, a palavra *maat* passou a significar "oferenda" e os propileus dos templos passaram a chamar-se "portal de doar *maat*".

O ritual de oferenda de Maat era realizado quando as forças da Natureza insistiam em não agir do modo correto, quando agiam com falta ou excesso, bem como quando inimigos internos ou externos do faraó manifestavam-se. Havia também outros rituais "maatizantes". Um deles, descrito em um papiro tardio, consiste na conservação de uma múmia especial, representando Osíris em seu nome de Vivente, símbolo da vida, no interior de um santuário especial denominado "Casa da Vida" (⌑⚱), onde diversos sacerdotes celebravam o ritual representando os deuses.

A Casa da Vida era um microcosmo que influiria simbolicamente no macrocosmo: "A prática do rito descrito tinha por efeito impedir a terra de soçobrar, o céu de desabar, o Sol de deter-se, obrigar o Nilo a fazer sua cheia e a Lua a seguir regularmente sua marcha. Ora, esse estado de coisas restabelecido pelo rito corresponde exatamente à descrição do equilíbrio universal, tal como o encontramos quase em toda parte, em particular nos panegíricos reais acima citados, e esse equilíbrio corresponde verossimilhante a Maat, tal como ela aparece a todo momento".[109]

A convicção da eficácia concreta da magia e o encaminhar da técnica apenas a problemas essencialmente práticos não permitiram maior desenvolvimento da Ciência egípcia. Os antigos egípcios dispunham de tanta Ciência quanto julgavam precisar.

Um horizonte cultural como esse não é dos mais favoráveis ao desenvolvimento da Ciência. Em alguns campos, o Egito destacou-se entre seus pares, inclusive influenciando decisivamente a cultura grega. A Medicina egípcia foi uma das fontes mais importantes da tradição hipocrática. As cheias do Nilo levaram os egípcios a um respeitável conhecimento de Hidrologia. No campo da Meteorologia, auferiram uma considerável compreensão das características dos ventos. O alto desenvolvimento da Agrimensura e da Arquitetura requeria conhecimento de Geometria aplicada.

A maior parte das técnicas produtivas usadas no Antigo Egito consolidou-se entre 3200 e 2700 a.C., quando se deu um período de grande criatividade no campo tecnológico. A seguir poucas foram as invenções e melhorias. Isso acarretou algum atraso no campo tecnológico.

"A comparação do Egito com a Mesopotâmia levará, porém, a constatar certo atraso do primeiro em relação à segunda: o nível técnico geral era mais baixo no Egito e os egípcios demoraram mais a adotar certas inovações há muito introduzidas na Mesopotâmia. Assim, a substituição do cobre pelo bronze em escala apreciável só ocorreu durante o Reino Médio, um milênio depois de na Baixa Mesopotâmia. Por outro lado, o metal levou muito tempo para substituir a madeira e a pedra na fabricação da maioria das ferramentas: isto só aconteceu de maneira significativa com a difusão do ferro, no primeiro

---

109. *Ibid.*, p. 72.

milênio. Os instrumentos de metal eram tão caros e valiosos que seus donos os marcavam com o seu sinete, após pesá-los, antes de entregá-los aos trabalhadores. O torno para a fabricação de cerâmica usado no Egito foi, durante séculos, mais lento e ineficiente do que o empregado na Mesopotâmia. O *shaduf* – instrumento simples, baseado no princípio do contrapeso, para elevação de recipientes com água – só foi introduzido no século XIV, enquanto aparece em um sinete mesopotâmico uns setecentos anos antes."[110]

Durante o Segundo Período Intermediário (c. 1650-1550 a.C.), o Egito recuperou parcialmente seu atraso tecnológico.

"É interessante notar que, embora sendo período de divisão e domínio estrangeiro, esse Segundo Período Intermediário foi bastante distinto do primeiro. Em particular, a imigração asiática e o amplo contato mantido pelos reis hicsos com o Oriente Próximo favoreceram a introdução de inovações, diminuindo o atraso tecnológico do Egito em relação à Ásia Ocidental. Assim, o trabalho de bronze, que já progredira sob o Reino Médio, deu um grande passo à frente; os egípcios adotaram um torno para fabricação de cerâmica mais rápido e eficiente, um tear vertical mais eficaz, o gado zebu, novas frutas e legumes e, por fim, o carro de guerra e o cavalo. Foram provavelmente os carros puxados por cavalos que deram aos hicsos superioridade militar sobre os egípcios, na época em que uma verdadeira invasão sucedeu à lenta infiltração asiática que a precedera. [...] Do ponto de vista tecnológico, as inovações do Segundo Período Intermediário e alguns aperfeiçoamentos posteriores colocaram, a princípio, o Egito do Reino Novo *grosso modo* em pé de igualdade com o resto do Oriente Próximo, na fase final da Idade do Bronze. Em poucos séculos, no entanto, tal situação mudou desfavoravelmente para os egípcios. Por volta de 1200-1100, a metalurgia do ferro já se havia difundido por todo o Mediterrâneo Oriental, popularizando as armas e implementos metálicos que, ao se tornarem baratos e acessíveis, superaram de vez formas mais primitivas de tecnologia (instrumentos de pedra e madeira, que haviam persistido em boa medida na fase do bronze). O Egito, porém, não controlava recursos naturais adequados para uma tecnologia do ferro: embora conhecesse

---

110. CARDOSO, C. F. *O Egito Antigo*, p. 26-27.

esse metal, seu uso intenso não se difundiu realmente em seu território até o século VII, o que significa que, outra vez, o país esteve em inferioridade tecnológica durante meio milênio em relação à Ásia Ocidental."[111]

A concepção egípcia do universo como uma totalidade viva e imutável, com seus ritmos regulares, uma ordem cósmica que incluía a ordem social, ambas perfeitas e harmônicas entre si, era a concepção de um país protegido por mares e desertos e que havia emergido do neolítico para uma civilização das mais requintadas. Durante trinta séculos, esse mundo quase estável permaneceu, mas outros mundos nasciam nesse ínterim, e o Egito Faraônico e sua Maat, que raiaram juntos, juntos soçobraram diante deles.

Hino a Amon-Rá

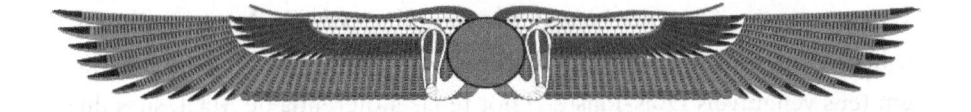

"Maat veio para permanecer sem cessar contigo [Amon-Rá]. Maat está em todo lugar que te pertence, pois tu te confias a ela. Os braços dos seres primordiais do orbe do céu te adoram cada dia. És tu que não cessas de doar os sopros a todas as narinas para vivificar os que criastes com tuas mãos. Tu és o próprio deus que criastes com tuas duas mãos. Exceto tu, não haveria de modo algum outro contigo. Salve o que é provido de Maat, autor do que existe, criador do que é. Tu és o deus perfeito, o Bem-Amado. Tu te comprazes quando os deuses cumprem tua Maat. Tu jorras com Maat; tu unes teus membros a Maat. Tu fazes Maat repousar sobre tua cabeça, para que ela tome lugar em tua fronte. Tua filha Maat, tu rejuvenesces tua visão, tu vives do perfume de tua rosa. Maat está colocada como um talismã em teu pescoço. Ela repousa sobre teu seio. Os deuses te pagam os tributos com Maat, pois eles conhecem tua sabedoria. Eis que os deuses e deusas que estão contigo portam Maat, pois eles sabem que vives dela. Teu olho direito é Maat, teu

---

111. *Ibid.*, p. 58-59 e 61-62.

olho esquerdo é Maat, tuas carnes e membros são Maat, os alentos de teu instinto e de tua inteligência são Maat.

Percorres os Dois-Países [o Vale do Nilo e o Delta] portando Maat. Tua cabeça está ungida com Maat. Tu marchas com as duas mãos carregadas de Maat. Teu estofo rubro é Maat. A vestimenta de teu corpo é Maat. Teu alimento é Maat. Tua bebida é Maat. Teu pão é Maat. Tua cerveja é Maat. O incenso que respiras é Maat. Os alentos de tuas narinas são Maat. Atum vem a ti portando Maat. Tu és o único a ver Maat. Teu profeta Chu, filho de Ra, cumpre Maat por ti em teu título de propriedade. Tu te comprazes com ela e tu prosperas graças a ela. Por ti Maat estende suas duas mãos em face de ti. Teu coração é feliz graças a ela. As extremidades do mundo veem a ti carregadas de Maat para te doar todo o orbe do disco solar. Tu és único, tu és sublime, Amon-Rá, pois Maat está unida a teu disco. Tu és grande, tu és venerável, senhor dos deuses, pois Maat é toda a Enéada [nove deuses]. Maat vem a ti, para expulsar de ti o mal. Ela faz a função de fio da coroa sobre tua cabeça. A majestade de Ra-Harakhtes eleva-se em glória e te oferece Maat em teus veneráveis Dois-Países. Thot te faz a oferenda de Maat, suas duas mãos colocadas sobre tua perfeição em face de ti. Teu *ka* [vitalidade] está em ti quando Maat te adora, quando teu corpo se une a Maat. Tu te regozijas e te rejuvenesces à sua vista. O coração de Amon-Rá vive quando Maat surge em glória a sua frente. Tua filha Maat está à proa da barca Sekty. Sozinha, ela é aquela que está em tua nave.

Existes porque Maat existe e Maat existe porque existes. Maat existe, atada a tua cabeça. Ela vem à existência perante ti pela eternidade. Por ti cumprimos Maat, para apaziguar teu coração, pois que teu coração vive dela, pois que teu *ba* [alma] vive, ó Amon-Rá. Maat é ofertada como a coxa de boi de tua oferenda. Ela torna teu nome doce, senhor dos deuses. Maat repousa em face de ti. Quando Rá se levanta, ele dá caça a teus inimigos. Maat tomou pé solidamente à frente da barca Sekty. Quando tu vens do Oriente do céu, os Cinocéfalos [entes com cabeça de cachorro], que estão no céu, estendem seus braços, os Ocidentais [os mortos] te fazem oferenda. Maat está em face de ti no céu e sobre a terra. Percorras tu o céu, guies tu o país, Maat está contigo cada dia. Se tu repousas no Hades [Duat], Maat está ainda contigo. Quando tu hás iluminado as gerações das Cavernas do Além e tu hás jorrado da Sala misteriosa, tu repousas e prosperas em meio a Maat. A Enéada toda te diz: 'Triunfas pelos milhões de tempos'. Amon-Rá-Harakhtes triunfa. Os corações rebelados tombam sob seu gládio. Toda diástole do coração seja por ti, cada dia, quando Maat recolhe-se ao interior de sua nave. Thot, de grandes forças mágicas, opera tua proteção. Ele abate para ti os celerados abomináveis. Os Dois-Países estão no deus viril Amon-Rá; Hórus-que-levanta-o-braço, rei do Alto e do Baixo Egito, rei dos deuses; Amon-Rá, regente da Enéada. O céu e a terra foram feitos para teus filhos. Os deuses e deusas acompanham tua majestade. A coroa branca e a coroa vermelha permanecem sobre tua cabeça; as belas coroas estão sobre tua cabeça, enquanto Maat permanece estável no interior de Karnak. Quão estável é Maat, que é única! És tu que a hás criado. Não há qualquer outro deus que a compartilhe contigo, somente ti, para sempre e eternamente."[112]

Estatuto

No quarto milênio a.C. um povo estabelecido na Baixa Mesopotâmia utilizava um idioma quase monossilábico, nem semítico nem indo-europeu. Por volta de 3200 a.C. surge a escrita cuneiforme na Suméria. Os textos revelam "a tendência fundamental e profunda dos sumerianos de procurar por toda parte a ordem, a harmonia, a correspondência e a colaboração entre o plano divino e o plano humano", pois, para os habitantes da Suméria, "o Cosmo é ordem, conjunto de funções".[113] Os deuses sumerianos dedicavam-se à conservação da ordem e do bom funcionamento do mundo, no que deveriam ser auxiliados pelos seres humanos.

A explicação da ordem existente no universo e a garantia de que tal ordem permaneceria envolvem os *me*, poderes ou forças impessoais, leis ou estatutos divinos, que se aplicavam a cada aspecto da civilização sumeriana. *Me* é

---

112. DAUMAS, F. *La Civilisation de l'Égypte Pharaonique*, p. 351-354. Imagem do Sol alado, Amon-Rá como Rá-Harakhtes (Rá que é Horus dos Dois Horizontes), desenho de Jeff Dahl.
113. JESTIN, R. La Religion Sumérienne. *In*: PUECH, H. C. *Histoire des Religions*, v. 1, p. 178 e 170.

o substantivo que corresponde ao verbo "ser". Em seu sentido etimológico primeiro, *me* significa "ente" e em sentidos derivados, estatuto, norma, lei, decreto ou regra. "Os *me* eram decretos universais de autoridade divina".[114]

O *me* é "a regra que constitui a raiz da existência dos seres e das atividades criadas, que as dirige em seu desenvolvimento, fixando sua natureza e seu funcionamento"[115] e "as vias que cada ser deve seguir para jogar na harmonia universal o papel ao qual a natureza o chama, com o máximo de eficácia".[116]

Os *me* são apresentados nos textos sumerianos como poderes intangíveis e perenes que se concretizam nos entes empíricos, como no poema "Enki e a Ordem do Mundo".

"Suméria, Grande Montanha, país do céu e da terra, glória perene, concedendo os *me* aos povos do Levante ao Poente: vossos *me* são *me* superiores, intocáveis e vosso coração é complexo e inescrutável. Como o próprio céu, vossa sublime sabedoria criativa, da qual deuses também podem nascer, está além do alcance."[117]

Alguns dos mais relevantes mitos sumerianos giram em torno dos *me*. O deus principal En (o Céu) torna-se, por volta de 2500 a.C., um *deus otiosus* e o segundo na hierarquia dos deuses, Enlil, senhor do ar e dos ventos e criador dos *me*, torna-se o mais importante dos deuses. Os *me* permaneciam no templo E-kur (Casa da Montanha), o zigurate de Enlil na cidade sagrada de Nippur, no centro da Suméria.

Um dia Enlil avistou a bela e jovem deusa Ninlil quando ela se banhava em um canal e desejou-a. Ninlil se recusou, alegando a pouca idade. Enlil a violou. Essa transgressão do *me*, enquanto princípio ético que ele próprio instituíra, resultou que os outros deuses banissem Enlil da paradisíaca Dilmun para o mundo subterrâneo acompanhado de Ninlil, agora sua esposa.

---

114. SIREN, C. *Sumerian Mithology.*
115. CASTELLINO, G. R., *apud* JESTIN, R. *Op. cit.* p. 159.
116. JESTIN, R. *Op. cit.*
117. BLACK, J. A. *et al.The Electronic Text Corpus of Sumerian Literature.*

O banimento de Enlil resultou que os *me* fossem entregues ao deus seguinte na hierarquia, Enki, Senhor da Terra e deus dos fundamentos. Ao receber os *me* que estavam com Enlil, Enki os guardou nas profundezas de água doce do Apsu, mas tampouco foi bem-sucedido na tarefa de preservá-los.

Sua filha Inana, a Rainha do Céu, divindade tutelar de Uruk, decidiu fazer de sua cidade-estado a maior de todas e para isso resolveu apossar-se dos *me*. Dirigiu-se ao palácio subaquático de Enki, onde participou de um banquete, no qual Enki embriagou-se e entregou os *me* a Inana. Esta os levou a Uruk, tornando-a assim a principal cidade da Suméria. No decorrer do poema *Inana e Enki* são listados dezenas de *me* que revelam os elementos estruturais do mundo sumeriano.

• o sumo sacerdócio	• os países rebeldes
• o ofício de sacerdote *lagal*	• a benevolência
• a qualidade do divino	• o nomadismo
• a grande e sublime coroa	• o sedentarismo
• o trono real	• a profissão de carpinteiro
• o nobre cetro	• a profissão de cesteiro
• o báculo	• a fineza
• a nobre vestimenta	• os sagrados ritos de purificação
• o pastoreio	• a cabana do pastor
• a realeza	• juntar carvões ardentes
• o ofício de sacerdotisa *egi-zi*	• o curral das ovelhas
• o ofício de sacerdotisa *nin-dijir*	• o respeito
• o ofício de sacerdote *icib*	• o medo
• o ofício de sacerdote *lu-mah*	• o silêncio reverente
• o ofício de sacerdote *gudu*	• [o leão] de dentes afiados
• a persistência	• acender o fogo
• descer ao mundo subterrâneo	• apagar o fogo
• subir a partir do subterrâneo	• o trabalho fatigante
• o sacerdote *kur-jara*	• a família reunida

• a espada	• os descendentes
• a clava	• a discórdia
• o assistente litúrgico *saj-ursaj*	• o triunfo
• o paramento negro	• o aconselhamento
• o paramento colorido	• o confortar
• o penteado	• o julgamento
• o estandarte	• a tomada de decisões
• a aljava	• o saque de cidades
• a relação sexual	• o rejubilar-se
• o beijo	• a falsidade
• a prostituição	• a retitude
• a fala sincera	• a lamentação
• a fala enganosa	• o júbilo
• a fala grandiloquente	• a profissão de pedreiro
• a prostituta sagrada	• a profissão de trabalhar o cobre
• o tabernáculo	• a profissão de escriba
• o sagrado santuário *nijin-jar*	• a profissão de forjador
• a hieródula do céu	• a profissão de curtidor de couro
• os instrumentos musicais	• a profissão de pisoteador
• a arte do canto	• a profissão de construtor
• a venerável idade avançada	• a maldade
• o heroísmo	• a sabedoria[118]
• o poder	

Os *me* que compõem a imagem sumeriana da civilização, ao lado de conceitos confirmadores como retitude, persistência, júbilo, sinceridade, heroísmo e sabedoria, incluem outros aparentemente caóticos, como falsidade, lamentação, maldade, medo, hostilidade e discórdia. Os sumerianos tinham uma visão própria desses aspectos, que os tornava "cósmicos" ou resignavam-se ao inevitável e os incluíam em sua imagem do mundo.

---

118. BLACK, J. A. *et al. The Electronic Text Corpus of Sumerian Literature.*

Em outro relato, Enki está em Dilmun, uma terra pura, virginal, pristina, onde "o corvo ainda não grasnava, a perdiz não cacarejava; o leão não matava, o lobo não capturava os cordeiros".[119] Mas em Dilmun faltava água fresca e Utu, deus do Sol, a providenciou, tornando viável o crescimento de todo tipo de plantas.

A esposa de Enki, Ninhursag, criou então oito frutas especiais, que apeteceram ao "humano, demasiado humano" Enki, o qual as comeu antes de lhes determinar os respectivos *me*. Furiosa, Ninhursag deixou de olhar Enki com o "olhar da vida" e o deus passou a definhar. Mas quando Enki estava prestes a morrer, a deusa o salvou. Esses mitos evidenciam que guardar e cumprir os *me* era difícil até para os deuses.

A participação humana é essencial para que o universo continue em sua boa marcha. "O Homem e a Natureza não formam dois reinos separados, mas uma única sociedade. Tal é o princípio das diversas técnicas que regulamentavam as atitudes humanas. É graças a uma participação ativa dos humanos e por efeito de uma espécie de disciplina civilizadora que se realiza a Ordem universal."[120]

O primeiro código de leis conhecido na Mesopotâmia foi promulgado pelo rei Ur-Nammu, que governou por volta de 2110-2095 a.C. e fundou a Terceira Dinastia de Ur. O prólogo evidencia que o rei decreta as leis em nome dos deuses.

"Após [os deuses] En e Enlil passarem a realeza de Ur para [a deusa] Nanna, nesse tempo fizeram Ur-Nammu, filho nascido [da deusa] Ninsun, mãe querida, que o criou conforme os princípios de equidade e verdade [...] Então Ur-Nammu, guerreiro poderoso, foi feito rei de Ur, da Suméria e da Acádia, senhor da cidade [de Ur] pelo poder de Nanna e em conformidade com a verdadeira palavra [do deus] Utu estabeleceu a equidade na terra. Baniu a maldição, a violência e os conflitos e definiu as despesas mensais do templo

---

119. BLACK, J. A. *et al.* Enki and Ninhursang. *The Electronic Text Corpus of Sumerian Literature.*
120. JESTIN, R. La Religion Sumérienne. *In*: PUECH, H. C. *Histoire des Religions*, v. 1, p. 199.

em 90 *gur* de cevada, 30 ovelhas e 30 *sila* de manteiga. Estabeleceu a medida de bronze *sila*, padronizou o peso de um *mina* e padronizou o peso de um siclo de prata em relação a um *mina* [...] O órfão não é mais entregue ao rico, a viúva não é entregue ao homem poderoso, o homem de um siclo não é entregue ao homem de um *mina*."

Os sumerianos concluíram que, assim como no céu seres super-humanos regiam o universo legislando sobre os astros e a Natureza em geral, na terra os reis estabeleciam leis que governavam a sociedade humana.

"O teólogo sumério supunha que existia, pondo em funcionamento, dirigindo e vigiando esse universo, um panteão composto por um grupo de seres vivos, de forma humana, mas sobre-humanos e imortais, que, apesar de invisíveis aos olhos dos mortais, guiavam e controlavam o cosmo de acordo com planos bem estabelecidos e leis adequadas. Os grandes reinos do céu, terra, mar e ar; os maiores corpos astrais, Sol, Lua e planetas; forças atmosféricas como o vento, a tempestade e a trovoada; e, finalmente, na terra, entidades naturais como o rio, a montanha e a planície; entidades culturais como a cidade e o estado, dique e valado, campo e granja, e até apetrechos como o alvião, o molde dos tijolos e o arado – todos estavam sujeitos a um ou outro ser antropomórfico, mas sobre-humano, que guiava as suas atividades segundo regras e regulamentos predeterminados."[121]

Por volta de 2000 a.C. a Suméria é conquistada por povos semitas, unificados dois séculos depois sob Hamurabi, rei da Babilônia. O historiador britânico Joseph Needham atribui aos babilônios o conceito do legislador celestial promulgando leis referentes a acontecimentos naturais, início de um processo que após milênios se converteria na ideia científica de leis da Natureza.[122]

"Pode haver pouca dúvida de que a concepção de um legislador celeste 'legislando' sobre fenômenos naturais não humanos teve sua primeira origem entre os babilônios. Por volta de 2000 a.C. o deus solar Marduk é representado como um legislador que prescreve as leis para os deuses estelares e

---

121. KRAMER, S. N. *Os Sumérios*: sua história, cultura e carácter, 1977, p. 139.
122. NEEDHAM, J. *Science & Civilisation in China*, v. 2, p. 533.

'fixa seus limites': ele é que mantém as estrelas em seus cursos por meio de 'comandos' e 'decretos'."[123]

Mas não se trata de uma concepção babilônica, pois o código do rei sumeriano Ur-Nammu precede em mais de dois séculos o código de Hamurabi, que reinou por volta de 1790-1750 a.C. Marduk se torna o principal deus babilônico gradualmente, na época do hino da criação *Enuma Elish*, composto a partir do século XVIII a.C.

Na era helenística, astrônomos e sacerdotes mesopotâmicos espalharam-se pelo mundo mediterrânico, influência que se harmonizou com a concepções estoicas do *logos* ou lei universal (*koinos nomos*) governando o mundo.

Sabedoria

O relato bíblico a respeito de Abraão indica as influências mesopotâmica e egípcia no povo hebreu. Por volta de 1850 a.C. o patriarca deixa o Sul da Mesopotâmia ("Ur dos Caldeus"[124]) rumo a Harã, no Sudeste da Anatólia. De Harã ele vai a Canaã, depois ao Egito e retorna a Canaã, onde permaneceria. O exílio dos hebreus na Babilônia a partir de c. 586 a.C. pode ter reforçado a presença em sua cultura da concepção de um legislador divino promulgando leis válidas para a Natureza e os seres humanos. Em hebraico *choq* (קֹח) significa literalmente "gravação", "estampa", "entalhe" e veicula a doutrina do estatuto divino.[125]

> "Louvai-o Sol e Lua, louvai-o todas as estrelas de luz. Louvai-o, céus dos céus e águas acima dos céus. Que louvem o nome de IHVH, pois ele ordenou e foram criados. Ele os estabeleceu pela perenidade das eras; decretou-lhes um estatuto [*choq*] que não será transgredido."
> *Salmos* 148: 3-6, 1000 a.C.-50 a.C.

---

123. NEEDHAM, J.; RONAN, C. A. *The Shorter Science & Civilisation in China*, v. 1, 1988, p. 285.
124. *Gênesis* 11: 31.
125. *Choq* קח tem o número 2706 no sistema de James Strong.

"Diz IHVH: Não temeis a mim? Não tremeis diante de minha presença, eu que fixei a areia como limite do mar, um estatuto [choq] pela perenidade das eras, que ele não transgredirá."

Jeremias 5: 22, século VII a.C.

"Assim disse IHVH: Quem deu o Sol como luz para o dia e os estatutos da Lua e das estrelas como luz para a noite?"

Jeremias 31: 35

"Quem mediu as águas no côncavo das mãos? Quem com a palma mediu os céus? Quem abrangeu em uma medida o pó da terra, pesou as montanhas ao gancho e as colinas na balança?"

Dêutero-Isaías 40: 12, século VI a.C.

"Quando ele se ocupava em pesar os ventos e em regular a medida das águas; quando ele fez um estatuto [choq] para a chuva e uma rota para os relâmpagos do trovão."

Jó 28: 25-6, século V a.C.

"Onde estavas quando lancei os fundamentos da terra? Declarais se tiverdes entendimento. Quem tomou as medidas, se tu o sabes? Quem sobre ela estendeu a régua? Sobre o que repousam suas fundações? Quem nela colocou a pedra angular, quando as estrelas matinais cantavam juntas e todos os filhos de Deus [anjos] gritavam de alegria? Quem fechou o mar com portas, quando brotou como que saindo de um útero? Quando eu lhe fiz a nuvem por vestimenta e o enfaixei com névoas densas; quando eu lhe tracei o estatuto [choq] e lhe pus barras e portas e disse: 'Chegarás até aqui, mas não mais longe, aqui se deterá o orgulho de tuas ondas."

Jó 38: 4-11

"Conheces os estatutos do céu, regulas seu domínio na terra?"

Jó 38: 33

Em parte da Bíblia hebraica o Deus criador e legislador IHVH se apresenta com certa truculência mesopotâmica, mas essa visão começa a se amenizar por volta do século IV a.C. Enquanto desaparecia o Egito faraônico e sua Maat, surgia em Israel a concepção de *Chokmah* (הםכה).[126] A personificação bíblica da ordem cósmica é feminina: "o substantivo Sabedoria é feminino, como *Chokmah* em hebraico, *Sophia* em grego, *Sapientia* em latim e *Premudrost* em russo".[127]

Assim como no Egito *maat* (ordem cósmica) é o fundamento do trono faraônico, em Israel é a Sabedoria. "Por mim os reis reinam e príncipes decretam a justiça, por mim governam líderes, nobres e todos juízes da terra."[128] *Chokmah* é a premissa da criação, a ordem que a estrutura e mantém.

"IHVH me possui como primícia de suas obras de outrora. Desde a eternidade fui gerada, desde o princípio, antes de existir a terra. Ainda não havia abismos quando fui gerada e ainda não havia fontes plenas de água. Antes que os montes fossem assentados, antes dos outeiros fui gerada, antes que Ele fizesse a terra e os campos, antes do princípio da poeira do mundo. Quando Ele preparava os céus eu estava lá, quando estatuiu um círculo na superfície do abismo, quando firmou as nuvens no alto, quando dominou as fontes do abismo, quando estabeleceu seu estatuto [*choq*] para o mar, para que as águas não transgredissem sua ordem. Quando estatuiu os fundamentos da terra eu estava com Ele como mestre de obras, sempre alegrando-me perante Ele, alegrando-me no ecúmeno de sua terra e em meu deleite com os filhos da humanidade."[129]

A Sabedoria é por vezes descrita em termos quase físicos, como um éter que permeia a criação.

"Ela é mais resplandecente que o Sol e ultrapassa o conjunto dos astros. Se a comparam com a luz do dia, acham-na superior. Porque à luz sucede

---

126. Número 2471 no sistema de James Strong.
127. PELIKAN, J. *Maria através dos Séculos*, 2000, p. 45.
128. *Provérbios* 8: 15-16.
129. *Provérbios* 8: 22-3.

a noite, enquanto contra a Sabedoria o mal não prevalece. Ela estende seu vigor de uma extremidade do mundo a outra e governa todas as coisas com suavidade."[130]

A Sabedoria também conduz quem a possui ao conhecimento do mundo natural.

"Foi Ele quem me doou a verdadeira ciência de todas as coisas, que me fez conhecer a constituição do mundo e as potencialidades dos elementos, o começo, o fim e o meio dos tempos, a sucessão dos solstícios e as mutações das estações, os ciclos do ano e as posições dos astros, a natureza dos animais e os instintos dos brutos, os poderes dos espíritos e os pensamentos dos homens, a variedade das plantas e as propriedades das raízes. Tudo que está escondido e tudo que está aparente eu conheço, pois foi a Sabedoria, feitora de todas as coisas, que me ensinou."[131]

Mesmo quando acontecem milagres, como na fuga do Egito, a ordem natural não é desmentida, são apenas mudanças em seu ritmo.

"Os elementos mudavam suas propriedades entre si, como na harpa os sons mudam de ritmo, conservando a mesma tonalidade."[132]

Autores como C. G. Jung quiseram ver na *Chokmah* hebraica a influência da *Sophia* grega, se mais antiga através da Ásia Menor, se mais recente via Alexandria.[133] Mas o historiador Mircea Eliade demonstrou que a personificação grega de Sofia como entidade divina é relativamente tardia, surgindo em Plutarco (50-125 d.C.), no Hermetismo (séculos I a III d.C.) e nos neoplatônicos dos séculos III a VI d.C.[134]

---

130. *Sabedoria de Salomão* 7: 22-8:1. Livro escrito em grego por um judeu helenístico, talvez em Alexandria no século II a.C.
131. *Sabedoria de Salomão* 7: 17-21.
132. *Sabedoria de Salomão* 19: 18.
133. JUNG, C. G. Psychology and Religion: West and East. *The Collected Works of C. G. Jung*, v. 11, § 609.
134. ELIADE, M. *História das Crenças e das Ideias Religiosas*, tomo II, v. 2, p. 23.

Como a *Chokmah* personificada surge no *Livro dos Provérbios*, na *Sabedoria de Salomão* e no *Eclesiástico* de Ben Sira, anteriores ao século I a.C., a influência grega deve ser descartada.

Afastada a *Sophia* grega, onde procurar um possível protótipo de *Chokmah*? Étienne Drioton[135] e François Daumas[136] apontam a Maat egípcia como a fonte da personificação hebraica da Sabedoria. Como o último faraó egípcio autóctone desapareceu da História por volta de 350 a.C., no poente da civilização faraônica uma importante contribuição do antigo Egito pode se ter dirigido para Nordeste e se perpetuado na Bíblia.

Drioton também identifica a presença de Maat no *logos* do filósofo hebreu Filo de Alexandria (c. 20 a.C.-50 d.C.).[137] Esse *logos* é a instância intermediária entre Deus e o mundo, por meio da qual este foi criado e que após a criação permanece imanente a ele, ordenando-o e seria um tratamento filosófico da concepção religiosa faraônica.

A Sabedoria hebraica apresenta semelhanças com a Maat egípcia, mas há também discrepâncias importantes, como Maat não se expressar na primeira pessoa, característica fundamental da personificação de *Chokmah*.[138] Velando pelas ligações harmônicas entre os diversos aspectos da manifestação cósmica, a Sabedoria hebraica também representa a Aliança.

Aliança

O *Gênesis* registra o estabelecimento entre IHVH e o povo hebreu de uma aliança (*berit*) eterna (*olam*). "O hebraico oferece dois significados para as consoantes traduzidas como 'eterna' [*olam*]; pode ser tanto antiga, perpétua, o futuro remoto e a eternidade ou pode ser oculta, secreta. De fato esses não devem ser distinguidos como dois significados, pois no mundo do templo o

---
135. DRIOTON, E. *As Religiões do Antigo Oriente*, p. 28.
136. DAUMAS, F. *La Civilisation de l'Égypte Pharaonique*, p. 355.
137. DRIOTON, E. *As Religiões do Antigo Oriente*, p. 28.
138. DAY, J. Foreign semitic influence on the Wisdom of Israel and its appropriation in the book of Proverbs. *Wisdom in Ancient Israel*, p. 69.

lugar oculto, secreto era o estado eterno fora do tempo e assim essa aliança eterna estaria conectada com o Santo dos Santos. Isso explica porque a aliança eterna também era descrita como a 'aliança de paz', *shalom*, outra palavra associada ao estado além do véu."[139]

Durante o período do primeiro templo de Jerusalém (c. 960 a.C.-586 a.C.) a função de profetas, reis davídicos e sacerdotes era manter a Aliança, a união entre o santuário principal (Santo dos Santos) e a nave (Lugar Santo) do templo. O primeiro é ativamente santo, pois santifica, enquanto o segundo é passivamente santo, pois é santificado: Céu e Terra.

A Aliança baseia-se no "estatuto" (*choq* חק), literalmente "gravação", "estampa" ou "entalhe". Os projetos divinos estavam gravados, estampados ou entalhados no Santo dos Santos, de onde informavam o Lugar Santo, que simbolizava o mundo em sua pureza original.

A estrutura arquitetônica do Tabernáculo e do Primeiro Templo representa a ordem cósmica. O Santo dos Santos é o eterno, separado e unido pelo véu do templo ao Lugar Santo (*hekal*), o Paraíso terrestre, onde permaneciam os sacerdotes. Os anjos mensageiros eviternos cruzavam o véu entre a eternidade e o tempo e vice-versa. O único ser humano que poderia passar pelo véu era o sumo sacerdote zadoquita[140].

O rei Ezequias, que reinou por volta de 715 a 686 a.C., realizou uma tentativa iconoclasta de reformar a antiga tradição patriarcal hebraica, destruindo *nechushtan*, a serpente de bronze[141] erguida em um poste no Primeiro Templo.

"Ele erradicou os lugares altos,[142] quebrou os pilares e cortou Asherah,[143] quebrou em pedaços a serpente de bronze que Moisés fizera, pois até

---

139. BARKER, M. *Temple Theology*, p. 34.
140. Zadoque foi sumo sacerdote aarônico sob Salomão e dele descenderam os demais nos oito séculos entre c. 950 e c. 150 a.C.
141. Em hebraico, "serpente" tem as mesmas consoantes de "bronze".
142. Colinas encimadas por pilares ou estelas de pedra.
143. Os escribas do período do segundo templo identificaram derrogativamente a Sabedoria com a divindade cananita Asherah. BARKER, M. *The Great High Priest*, p. 229-261.

aquele dia os filhos de Israel queimavam incenso para ela e ele a chamou *nechushtan*."[144]

A serpente de bronze do Templo era um dos símbolos da Sabedoria,[145] a personificação da ordem cósmica que mantém os laços da aliança entre Céu e Terra. O profeta Isaías alertara sobre as consequências desastrosas que adviriam quando anjos decaídos levassem os reis de Judá a quebrar a Aliança.

> "A Terra está enlutada e perecendo, o mundo se acaba aos poucos e morre, os céus definham junto com a terra. A terra queda poluída sob seus habitantes [governantes]:[146] eles violaram as leis, mudaram o estatuto [*choq*] e quebraram a Aliança eterna."[147]

A substituição da religião patriarcal de Abraão, Isaac e Jacó com seu sacerdócio de Melquisedeque pelo monoteísmo estrito e o sacerdócio aarônico deu-se no início do século VII a.C., poucas décadas antes da destruição do Primeiro Templo.

Um dos acontecimentos fundamentais relatados na Bíblia hebraica é a "revolução cultural" patrocinada pelo jovem rei Josias, que reinou entre 640 e 609 a.C. Em 623 a.C. a antiga tradição dos patriarcas e reis foi confrontada e o que foi considerado impuro removido do Templo e destruído, levando à institucionalização de uma nova vertente religiosa iconoclasta e centralizadora.

> "O rei [Josias] ordenou ao sumo sacerdote Helcias, aos sacerdotes de segunda ordem e aos guardas do portal que retirassem do templo de IHVH todos os vasos feitos para Baal, para Asherah e para toda a hoste do Céu [os anjos] e ele os queimou fora de Jerusalém nos campos de

---

144. II *Reis* 18: 4.
145. "Assim como Moisés elevou a serpente no deserto, assim também o Filho do Homem deve ser elevado, para que todos que nele acreditem não pereçam, mas tenham a vida eterna", *João* 3: 14-15. "Sejais doces como as pombas e prudentes como as serpentes", *Mateus* 10: 16.
146. "IHVH julgará no céu as hostes do céu e na terra os reis da terra", *Isaías* 24: 21.
147. *Isaías* 24: 4-5.

Cedron e levou o pó para Betel. Ele destituiu os sacerdotes idólatras que os reis de Judá haviam estabelecido para queimar incenso nos lugares altos das cidades de Judá e arredores de Jerusalém. Destituiu também aqueles que queimavam incenso para Baal, para o Sol, para a Lua, para os planetas e para toda a hoste do Céu. Retirou da casa de IHVH o ídolo Asherah, levando-o para fora de Jerusalém, para o riacho de Cedron. Queimou o ídolo junto ao riacho de Cedron e o reduziu a cinzas, que foram jogadas em uma vala. Destruiu a morada dos *kodashim*[148] que havia na casa de IHVH, onde mulheres teciam tapeçarias para Asherah. Mandou vir todos os sacerdotes das cidades de Judá e profanou os lugares altos onde esses sacerdotes haviam queimado incenso, desde Gaba até Bersabéia. Destruiu o lugar alto do portal que ficava na entrada do portal de Josué, governador da cidade, a um palmo à esquerda do portal da cidade. Os sacerdotes dos lugares altos não subiram até o altar de IHVH em Jerusalém, mas comeram os pães sem fermento em meio a seus irmãos. [O rei Josias] profanou Tofet, que se localizava no vale dos filhos de Enom, para que ninguém fizesse seu filho ou filha passar pelo fogo de Moloc. Ele retirou os cavalos que os reis de Judá haviam oferecido ao Sol, na entrada da casa de IHVH, perto do aposento do funcionário real Natã, nos arredores e queimou as carruagens do Sol com fogo. E os altares que estavam no topo, no aposento de Acaz, que os reis de Judá haviam feito e os altares que Manassés fizera nos dois pátios da casa de IHVH o rei demoliu, quebrou e jogou o pó no riacho de Cedron. E os lugares altos diante de Jerusalém, à direita do monte da Perdição, que Salomão rei de Israel havia construído para Astarte, abominação dos sidônios e para Camos, abominação dos moabitas e para Melcom, abominação dos amonitas. E ele quebrou as estelas, cortou os postes sagrados e encheu o lugar com ossos humanos. Também o altar que havia em Betel e o lugar alto que Jeroboão, filho de Nabat, que fez Israel pecar, havia feito, destruiu tanto o altar quanto o lugar alto, queimou o lugar alto, reduzindo-o a pó e queimou Asherah."[149]

---

148. Entes sagrados, talvez anjos.
149. II *Reis* 23: 4-15.

É possível que Asherah fosse o candelabro (*menorah*) que simbolizava *Chokmah*, a Sabedoria personificando a ordem ao mesmo tempo imanente e transcendente que permeia a Natureza e a humanidade.[150]

Em 597 a.C. Jerusalém sofreu o primeiro ataque dos babilônios, que depois retornaram e destruíram o Primeiro Templo em c. 586 a.C. O *Gênesis* descreve Adão sendo expulso do paradisíaco Éden e perdendo o acesso a sua Árvore da Vida, possivelmente a *menorah*, símbolo da Sabedoria. O livro de Ezequiel traz um relato que simboliza a corrupção dos sumos sacerdotes do templo, quando o "rei de Tiro", instrumental na construção do Primeiro Templo, reaparece inversamente em sua destruição. O simbolismo é transparente quanto ao Primeiro Templo ("Éden, jardim de Deus") e o sumo sacerdote com seu peitoral de pedras preciosas.

> "Tinhas o sinete da perfeição, eras pleno de Sabedoria e perfeito em beleza. Estavas no Éden, o jardim de Deus, coberto de todas as pedras preciosas: rubi, topázio e diamante; berílio, ônix e jaspe; lápis-lazúli, turquesa, esmeralda e ouro. Teus adornos e joias eram trabalhados; desde o dia em que foste criado isso te vinha sendo preparado. Tu eras o querubim protetor ungido. Eu o coloquei no Monte Santo, como um deus caminhavas acima e abaixo em meio às pedras iridescentes. Desde o dia em que foste criado tu eras perfeito em teus caminhos, até que a falta de retitude se achou em ti."[151]

Os sacerdotes da antiga religião patriarcal e seus seguidores refugiaram-se na "Arábia" (Jordânia) e no Egito.

> "Os homens que sabiam que suas mulheres queimavam incenso a deuses estrangeiros e todas as mulheres que estavam presentes, uma grande multidão e todo o povo que morava no país do Egito e em Patros, disseram a Jeremias: '– Nenhum de nós vai obedecer ao que acabaste de dizer [supostamente] em nome de IHVH. Faremos o que prometemos: queimaremos incenso para a Rainha do Céu e derramaremos vinho em

---

150. BARKER, M. *Where shall Wisdom be found?*
151. *Ezequiel* 28: 12-16.

sua honra. Faremos da mesma forma que nossos antepassados, nossos reis e nossos líderes fizeram nas cidades de Judá ou nas ruas de Jerusalém, quando nos fartávamos de pão, éramos felizes e não conhecíamos o infortúnio. Pois quando paramos de queimar incenso para a Rainha do Céu e derramar vinho em sua honra, começou a faltar tudo e morremos pela espada e pela fome'. As mulheres disseram: '– Quando queimamos incenso à Rainha do Céu e derramamos vinho em sua honra, é por acaso sem o consentimento de nossos maridos que fazemos bolos com sua figura e derramamos vinho em sua honra?"[152]

A Rainha do Céu era simbolizada pela *menorah* do Primeiro Templo, uma amendoeira estilizada que os sacerdotes da religião patriarcal exilados e seus seguidores tradicionalistas continuaram a cultuar. Um texto de Qumran[153] relata o périplo de Abraão pela Arábia (Jordânia) e Egito, personificando a tradição patriarcal hebraica. Paulo esteve na Arábia para depois retornar argumentando que o Cristianismo se enraizava na fé de Abraão.[154]

A fonte da mensagem evangélica original do Cristianismo é o Primeiro Templo de Jerusalém, destruído em c. 586 a.C. e não o corrupto templo da dinastia herodiana. A antiga cosmovisão dos reis-sacerdotes davídicos ungidos[155] e seu Templo permaneceu oculta e viva no exílio.

> "Está além da dúvida que a fé do [primeiro] templo tornou-se o Cristianismo. Imagens e práticas que muitos cristãos tomam como certas, como o sacerdócio, a forma do edifício de uma igreja tradicional ou as imagens de sacrifício e expiação, são todas obviamente derivadas do templo. Reconstruindo o mundo da antiga fé, pode ser demonstrado que a Invocação da presença divina, a Encarnação, a Ressurreição, *theosis* (o humano tornando-se divino), a Mãe de Deus e a auto-oferenda do Filho de Deus também foram inspirados no templo."[156]

---

152. *Jeremias* 44: 15-19.
153. 1Q20 21.
154. *Gálatas* 1: 17.
155. Ungido: messias em hebraico (Salmo 110). Dinastia davídica: c. 1000-586 a.C.
156. BARKER, M. *Temple Theology*, p. 11.

A Bíblia judaica foi editada pelos sacerdotes e escribas do final do período do Segundo Templo, hostis à maioria dos reis-sacerdotes davídicos[157] e posteriormente aos cristãos. O cânone da Bíblia judaica foi estabelecido em fins do século I d.C. como reação ao Cristianismo. Originais anteriores foram conservados em textos como os pergaminhos de Qumran e a *Septuaginta*, tradução grega da Bíblia hebraica realizada no Egito entre os séculos III e II a.C. A tradução que até o primeiro século era tida como inspirada foi vista desde então como demasiada "cristã" e substituída por outras versões gregas.

A antiga religião hebraica foi reformada após a destruição do templo em 70 d.C., o que levou ao surgimento do Judaísmo rabínico. A par com o Cristianismo, a tradição do Primeiro Templo continuou secretamente no Judaísmo na espiritualidade da *Merkabah*, a carruagem-trono de IHVH sobre a Arca da Aliança do Primeiro Templo. Essa literatura é conhecida como *Hekalot* (Palácios), plural de *hekal*,[158] o Lugar Santo do tabernáculo e do Templo. Do Primeiro Templo quase nada resta arqueologicamente, mas ele continua existindo na Teologia, igrejas e liturgias cristãs ortodoxas. As igrejas cristãs tradicionais reproduzem a arquitetura sagrada do tabernáculo, protótipo do templo de Jerusalém.

No tabernáculo nomádico o Santo dos Santos permanecia sempre voltado para o Oriente. As igrejas cristãs tradicionais estão orientadas para Jerusalém, Oriente em relação à Europa e à América.

"A volta do Filho do Homem será como um relâmpago que sai do Oriente e brilha no Ocidente."[159]

---

157. I e II *Samuel* e II *Reis*.
158. Números 1964 e 1965 no sistema de James Strong.
159. *Mateus* 24: 27.

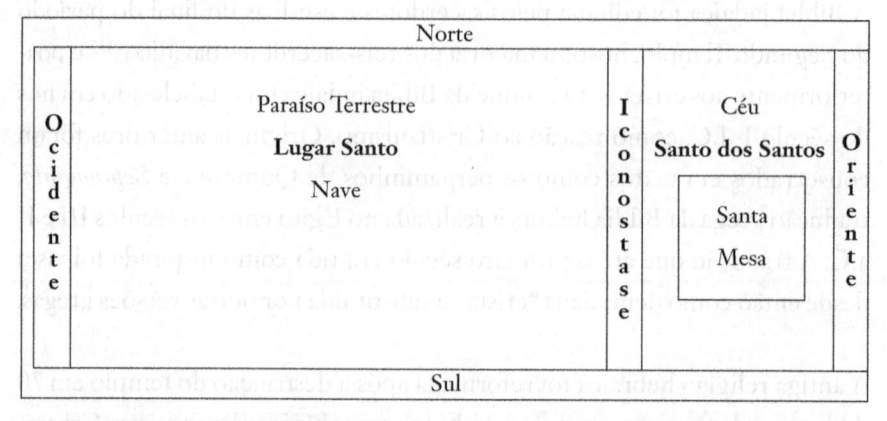

		Norte			
O c i d e n t e	Paraíso Terrestre **Lugar Santo** Nave		I c o n o s t a s e	Céu Santo dos Santos Santa Mesa	O r i e n t e
		Sul			

No Ocidente a entrada voltada para o mundo exterior; depois o Lugar Santo (a nave da igreja); a seguir o véu do tabernáculo e depois do templo (a iconostase) e no Oriente o Santo dos Santos (o santuário do altar)

O Santo dos Santos localizava-se literalmente "nas alturas", pois o templo situava-se em um monte de Jerusalém e seu santuário em uma plataforma, como ainda ocorre com o altar das igrejas cristãs tradicionais. "Altar" é relacionado etimologicamente com o latim *altus*.

Os hebreus cristãos se consideravam herdeiros dos reis-sacerdotes davídicos do Primeiro Templo, eram "as pedras vivas de uma casa espiritual e um sacerdócio santo"[160] que restabelecera a Aliança.

Logos

No Lugar Santo (*hekal*), o pátio interno do tabernáculo nomádico e depois dos dois templos de Jerusalém, permanecia a *menorah*, amendoeira estilizada que simbolizava a Sabedoria.

"Fazei um candelabro [*menorah*] de ouro puro; ele será todo cinzelado: pedestal, haste, cálices, botões e flores formarão nele uma só peça. De seus lados sairão seis braços, três de cada lado. Cada braço terá três

---

160. I *Pedro* 2: 5.

cálices com formato de flor de amêndoa, com botão e flor e três cálices com flor de amêndoa no outro lado, com botão e flor. Assim serão os seis braços saindo do candelabro. O candelabro terá quatro cálices com formato de flor de amêndoa, com botão e flor: um botão sob os dois primeiros braços que saem do candelabro, um botão sob os dois braços seguintes e um botão sob os dois últimos braços; assim se fará com os seis braços que saem do candelabro. Os botões e os braços formarão uma só peça com o candelabro. E tudo será feito com um bloco de ouro batido. Faças também sete lâmpadas, de modo que fiquem elevadas e iluminem a parte dianteira. Seus acendedores e apagadores serão de ouro puro. Para fazer o candelabro e seus acessórios usarás trinta quilos de ouro. Faças tudo de acordo com o modelo que te foi mostrado no alto da montanha."[161]

Filo (c. 20 a.C.-50 d.C.), judeu de família sacerdotal que vivia no Egito, estava familiarizado com uma tradição segundo a qual os dois grupos de três hastes laterais da *menorah* eram os cinco planetas visíveis (Mercúrio, Vênus, Marte, Júpiter e Saturno) e a Lua, sendo a haste central o Sol, símbolo do Logos.

"Três braços projetam-se para cada lado, iguais em todos os aspectos uns aos outros e tendo no topo as luzes como nozes [de amêndoa], apoiando as luzes em forma de flores [de amendoeira]; a sétima flor moldada em cima do candelabro de ouro maciço e com sete engastes de ouro para as luzes por cima deles; de forma que em muitos relatos acredita-se que [o candelabro] foi moldado dessa forma porque o número seis é dividido em duas tríades pelo Logos, sendo esse o sétimo que está colocado no centro."[162]

---

161. *Êxodo* 25: 31-40.
162. FILO, *Quis Rerum Divinarum Heres Sit*. YONGE, C. D. (trad.). *The Works of Philo Judaeus*, p. 218-219.

"A Sabedoria construiu sua casa, lavrou as sete colunas" (*Provérbios* 9: 1). A santa Sofia com o Logos em seu seio, ladeada por sete colunas que portam símbolos setenários. A *menorah* aparece na segunda coluna a partir da esquerda. Profetas, santos e hierarcas permanecem nos sete degraus que levam à Sabedoria. Ícone de 1812, Museu Estatal da Rússia, São Petersburgo

Irineu de Lion (c. 130-202) atribuiu o cuidado das leis da Natureza aos anjos dos sete céus, cujo símbolo é a *menorah*, "fogo luminoso" em hebraico.

"Moisés recebeu o candelabro de sete braços, que brilhava continuamente no lugar santo; ele recebeu esse ministério conforme um modelo celeste, de acordo com o que lhe dissera o Logos: '– Faças tudo de acordo com o modelo que te foi mostrado no alto da montanha'. Por meio de seu Logos [Deus] criou o mundo inteiro e no mundo estão os anjos e para o mundo todo concedeu as leis que cada uma das muitas coisas deve cumprir de acordo com o que é determinado por Deus; elas não devem ultrapassar seus limites, cada uma cumprindo a tarefa que lhe foi apontada."[163]

Da mesma raiz indo-europeia *le* que origina "lei", o grego *logos* não tem correspondente exato em outros idiomas: ideia, palavra, verbo, pronunciamento. "É impossível confinar o termo Logos ao significado de 'palavra'. É também a divina Sabedoria, o análogo hebraico simultaneamente do mundo platônico das Ideias e do Logos estoico: é o pensamento de Deus que é o projeto transcendente do universo e seu significado imanente."[164]

Cosmologia é o estudo da razão (*logos*) do cosmo. O texto clássico da Cosmologia cristã é o prólogo do Evangelho de João:

"No princípio era o Logos
O Logos estava com Deus
E o Logos era Deus.
No princípio Ele estava com Deus.
Tudo foi feito por meio dele
E de tudo que existe nada foi feito sem Ele.
Nele estava a vida e a vida era a luz dos homens.
O Logos estava no mundo
E o mundo foi feito por meio dele".

C. H. Dodd, erudito britânico especializado no Novo Testamento,[165] assim parafraseou o prólogo de João: "Pela palavra do Senhor todas as coisas foram

---

163. ROBINSON, A. (trad.). *St Irenæus, the Demonstration of the Apostolic Preaching*.
164. DODD, C. H. *The Interpretation of the Fourth Gospel*, p. 295.
165. "By far the most detailed and penetrating critique of John's relation to Philo was presented by the New Tessament scholar C. H. Dodd in his classic study *The Interpretation of the Fourth Gospel*". RUNIA, D. T. *Philo in Early Christian Literature*, p. 79.

feitas. Ela foi manifestada no mundo como vida e como a luz da revelação, que está aberta a todo homem nascido. Mas a humanidade como um todo falhou em reconhecer a palavra de Deus. Ele então enviou Sua palavra para Israel através dos profetas, mas Israel novamente rejeitou a palavra, à parte de um remanescente de fiéis, para quem a palavra de Deus concedeu o direito de filiação. Finalmente a luz que é a palavra de Deus foi concentrada em um indivíduo que não era [apenas] um dentre os da comunidade de filhos de Deus, mas Seu único Filho".[166]

Segundo Dodd, para o apóstolo João "o *logos* divino não é simplesmente palavras proferidas. Ele é *alethéia*. Ou seja, ele é um conteúdo racional de pensamento correspondente à realidade última do universo".[167]

Graças ao acesso comum às escrituras hebraicas na tradução grega da *Septuaginta*, há uma remarcável semelhança simbólica entre o apóstolo João (século I d.C.), cujo Evangelho foi escrito em grego e seu contemporâneo Filo de Alexandria, representante do Judaísmo helenístico que escreveu em grego, apresentando o Velho Testamento recoberto com uma pátina da Filosofia platônico-estoica corrente na época.

Relatos posteriores colocam Filo em contato com os apóstolos, o que é improvável mas não impossível[168] e ele pode ser considerado uma das influências formativas do pensamento joanino e do Cristianismo em geral. Seu Logos é "Filho de Deus", "primogênito do Pai incriado", "imagem de Deus", "o Nome de Deus", o Arcanjo que não é sem origem como o Pai, mas também não foi criado como as demais criaturas.

O sábio alexandrino sugere uma Etimologia simbólica[169] para o nome Israel: "o primogênito de Deus, o Logos, que detém o senhorio entre os anjos, sendo

---
166. DODD, C. H. *The Interpretation of the Fourth Gospel*, p. 272.
167. *Ibid.*, p. 267.
168. "Há uma cidade no litoral da Síria chamada Ascalom: e lá estive em viagem rumo ao templo de minha terra nativa, com o propósito de nele oferecer orações e sacrifícios." FILO. *De Providentia* II. 64.
169. Exemplos de Etimologia simbólica ou semântica podem ser encontrados no *Nirukta* hindu e no *Crátilo* de Platão.

seu governante. E ele tem muitos nomes, pois é chamado o Princípio, o Nome de Deus, seu Logos e o Homem segundo sua Imagem e 'Ele que Vê', ou seja, Israel".[170] Entre os seres humanos privilegiados que se aproximaram de Deus estava o patriarca Jacó, "que na língua dos caldeus [aramaico] é chamado 'Israel', mas em grego 'ele que vê Deus', não significando essa expressão ver *o que Deus é*, pois como já disse antes, isso é impossível, mas sim *que Ele é*".[171]

A Sabedoria permite "ver" a revelação divina contida na *Septuaginta*, pois seus "tradutores não eram meros intérpretes, mas hierofantes e profetas".[172]

"'No princípio o Verbo [*ho Logos*] já existia. O Verbo estava na presença de Deus e o que Deus era o Verbo era. Ele estava com Deus no princípio e por meio dele todas as coisas vieram a ser; sem ele nenhuma coisa criada veio a ser' – essas célebres palavras que abrem o Evangelho de João levaram intérpretes e tradutores a correrem para encontrar a utilização de *logos* nos filósofos gregos significando Verbo humano ou Razão ou Mente ou a Mente cósmica. Muitas vezes negligenciado nesse processo, entretanto, foi o conjunto de termos relacionados no 'Antigo Testamento' grego, que foi, curiosamente, o primeiro recurso de que os intérpretes de língua grega do Evangelho de João se valeram nos primeiros séculos cristãos para sua compreensão de Logos. Além de Verbo ou Razão ou Mente, *ho Logos* em João pode significar Sabedoria (*Sophia*) e é isso que *Sophia* diz de si mesma na versão da *Septuaginta* do oitavo capítulo do Livro dos Provérbios: 'O Senhor me fez o princípio de seus caminhos para suas obras. Ele me estabeleceu antes que o tempo estivesse no princípio antes que Ele fizesse a terra. Quando Ele preparou o céu, eu estava presente com Ele. Eu estava junto a Ele, adequando-me a Ele, que se deleitava comigo e diariamente eu sempre me alegrava em sua presença'."[173]

Em Filo a Sabedoria é o Logos divino[174] e o Logos é a fonte da água viva da Sabedoria.[175] Filo "estava familiarizado com a teologia da Sabedoria, de acordo

---

170. FILO. *De Confusione Linguarum* 146. *Legatio ad Gaium* I. 4.
171. *Idem. De Praemiis et Poenis* 44.
172. *Idem. De Vita Mosis* II. 40.
173. PELIKAN, J. *Whose Bible is it?*, p. 66.
174. FILO. *Legum Allegoriae* I. 65.
175. *Idem. De Fuga et Inventione* 97.

com a qual Deus primeiro criou[176] a Sabedoria e através dela criou o mundo. A Sabedoria é então o pensamento de Deus projetado como o princípio do trabalho de criação. Ela não é idêntica a Deus nem ao mundo. Ela procede de Deus e dá forma e realidade ao mundo que conhecemos e passando pelas almas santas faz delas amigas de Deus e profetas. O Logos, portanto, pode ser compreendido em termos de Sabedoria".[177]

Na visão platônica, Deus é a causa e o substrato do mundo inteligível, que por sua vez é o paradigma transcendente do mundo sensível. Mas o Estoicismo fundado por Zenão de Citio (c. 334-262 a.C.) não aceitava o mundo transcendente das ideias platônicas, e para os estoicos Deus é a razão seminal (*logos spermatikos*), princípio material ordenador do cosmo, imanente e nunca transcendente.

Diante dessas alternativas, a solução encontrada por Filo para expressar em grego a tradicional concepção hebraica pré-deuteronômica foi um Logos por meio do qual a divindade criara tanto o mundo das formas perfeitas quanto o mundo empírico, sendo que o mundo das formas não teria existência independente, subsistindo na mente divina.

Para o mestre alexandrino, o Logos, sendo a mediação pela qual o mundo foi criado, é também o meio de seu governo divino, pois o Logos não é só uma realidade transcendente na mente divina, mas também imanente ao universo que foi criado através dele. É igualmente o caminho pelo qual o mundo aproxima-se de Deus. Entre Ele e o mundo sempre está o Logos como mediador, como estava o véu no tabernáculo e no templo de Jerusalém e está a iconostase nas igrejas cristãs ortodoxas.

O Logos divino é Filho de Deus, Rei e Pastor:[178] "Filo aplica a figura [do pastor] em primeiro lugar ao universo, no qual o Logos organiza os vários elementos da Natureza em um cosmo, e secundariamente à alma individual,

---

176. "Concebeu", "gerou". Na Teologia ortodoxa, a Sabedoria é uma energia divina incriada e o Logos uma pessoa divina. LOSSKY, V. *The Mystical Theology of the Eastern Church*, p. 80-81.
177. DODD, C. H. *The Interpretation of the Fourth Gospel*, p. 66.
178. FILO. *De Agricultura* 50-53.

que precisa do controle e da orientação do Logos para colocar seus instintos, paixões e desejos em uma ordem racional".[179]

Em João e Filo, a razão de ser da humanidade e seu objetivo final é o mesmo. "Esse caminho é a Sabedoria, pois levada por um caminho reto e plano, a razão chega a seu objetivo; o objetivo do caminho é o conhecimento e a compreensão de Deus."[180]

A educação auxilia a Filosofia humana e esta a Sabedoria divina. "Da mesma forma como a educação básica contribui para a compreensão apropriada da Filosofia, também a Filosofia ajuda na aquisição da Sabedoria. Pois a Filosofia é um estudo atento da Sabedoria e a Sabedoria é o conhecimento de todas as coisas divinas e humanas e suas respectivas causas. Assim como a educação básica é a serva da Filosofia, também a Filosofia deve ser a serva da Sabedoria."[181]

"Em Filo parece que se pode distinguir três aspectos do [único] Logos: (a) um *Logos junto de Deus*, identificando-se com o Intelecto divino, (b) um *Logos mediador*, causa exemplar e eficiente do mundo e (c) um *Logos imanente* ao universo sensível, interpretado como o vínculo que mantém unida a realidade, resultante da ação do Logos incorpóreo sobre o mundo corpóreo."[182]

Tanto em Filo como em João, o "*logos* não é simplesmente a palavra proferida ou comando de Deus; é o significado, plano ou propósito do universo, concebido tanto como transcendente quanto imanente, como o pensamento de Deus, formado dentro da Mente eterna e projetado na objetividade. Do ponto de vista humano é um conteúdo racional do pensamento, expresso na ordem do universo, mas não o é, como nos estoicos, no sentido de que a ordem do universo é auto-originada, autossuficiente e autoexplicativa, mas no sentido de que sua ordem e sentido expressam a mente de um criador transcendente".[183]

---

179. DODD, C. H. *The Interpretation of the Fourth Gospel*, p. 57.
180. FILO. *Quod Deus sit immutabilis* 142-143, comentário de Filo a *Gênesis* 6: 12.
181. *Idem. De Congressu Eruditiones Gratia* 79.
182. REALE, G. *História da Filosofia Antiga*, v. 5, p. 155.
183. DODD, C. H. *The Interpretation of the Fourth Gospel*, p. 277.

Na doutrina hebraica do "estatuto" (*choq*), o plano divino "gravado", "estampado" ou "entalhado" no Santo dos Santos estrutura a criação, que é o Lugar Santo.[184] A semelhança com a filosofia platônica é evidente, sugerindo que conceitos formulados por filósofos gregos da era clássica podem ter antecedentes em outra civilização, que os elaborou de forma poética nos tempos homéricos.

O primeiro templo de Jerusalém foi construído com a assistência técnica de arquitetos e artesãos fenícios durante o reinado de Hiram I de Tiro (c. 980-947 a.C.). Pitágoras de Samos (c. 570-495 a.C.), nascido em uma ilha da costa da Anatólia como filho de um comerciante de Tiro, visitou a Fenícia e a Síria, onde poderia ter apreendido essa espiritualidade ancestral.[185] A presença desse antigo saber no pensamento grego viria então a ser reformulada em outra linguagem por filósofos como Platão e Plotino. Elementos essenciais da tradição abraâmica, que investigadores com frequência concluíram terem sido importados do ambiente helênico, poderiam ser aspectos de uma doutrina ancestral que os gregos teriam recebido de Sudeste,[186] como o alfabeto.

Estudiosos bíblicos tendem a enfatizar a influência da Filosofia platônica em Filo e no Cristianismo. A influência platônica na linguagem filosófica empregada por Filo por si só não transforma o conteúdo, a doutrina hebraica tradicional que ele explicitamente enfatiza e que é base do Cristianismo.

Um certo ecletismo é válido quando empregado para exprimir "o pensamento dos que possuem uma identidade própria fundamental, mas usam fórmulas e proposições tiradas de diversas escolas filosóficas, ou porque consideram que uma verdade pode exprimir-se de diversas maneiras (mais ou menos adequadas), ou porque pensam que aquelas fórmulas e proposições são enriquecimentos de acordo com sua própria mensagem. É esse, por exemplo, o caso de Filo de Alexandria".[187]

---

184. Os *me* eram guardados no templo da cidade sagrada de Nippur, no centro da Suméria.
185. Sobre temas veterotestamentários na tradição pitagórica, BARKER M. Temple and Timaeus. *The Great High Priest*, p. 262-293.
186. BARKER, M. *The Great High Priest*, p. 262-293.
187. REALE, G. *História da Filosofia Antiga*, v. 5, p. 83.

O encontro entre o Judaísmo e a Filosofia grega é uma realidade histórica que chegou a ser considerada como a própria origem do Cristianismo, pois o monoteísmo hebraico não poderia ter gerado doutrinas como as do Filho de Deus e da Trindade; sua origem seria grega.[188]

Mas desde o século II a.C. eruditos judeus como Artapano e Aristóbulo de Paneas já apontavam a influência veterotestamentária no pensamento grego, como posteriormente o próprio Filo de Alexandria (c. 20 a.C.-50 d.C.), Josefo (c. 37-100), o neo-pitagórico grego Numênio de Apameia (Síria, século II d.C.) e cristãos como Justino Mártir (c. 100-163) e Clemente de Alexandria (c. 150-214).

"Foi Platão que o disse no *Timeu*,[189] pois lera a Bíblia (para Clemente não havia dúvida de que Pitágoras, Platão e os estoicos haviam lido a Bíblia – que todos eles tomaram do livro sagrado dos judeus o conhecimento que tinham de Deus)."[190]

"Os primeiros apologistas, tanto judeus como cristãos, mantiveram que Platão aprendeu com Moisés, que ele era Moisés falando grego ático.[191] O mais notável deles foi Eusébio de Cesárea, que em sua obra *Preparação do Evangelho* discutiu o caso em grande detalhe e listou todos que sustentaram esses pontos de vista antes dele. Eusébio e os outros apologistas provavelmente estavam corretos [...] sugerindo que os sacerdotes do primeiro templo conheciam um mundo invisível e celestial segundo o qual o tabernáculo ou templo havia sido modelado; que eles falaram de formas: a *forma* de um homem e a *forma* de um trono; que eles descreveram os céus como uma cortina adornada; que eles conheciam a distinção entre o tempo fora do véu e a eternidade dentro dele. Eles sabiam que o tempo era a imagem móvel da eternidade. Eles sabiam de anjos, os filhos de Deus gerados no Dia Um, como Jó sugere. Eles se ocupavam com a matemática da criação, os pesos e as medidas. Eles acreditavam que a criação estava interligada pelo grande juramento ou aliança. Eles acreditavam

---

188. A *Temple Theology* de Margaret Barker vem corrigindo esses exageros.
189. "Se é difícil conhecer Deus, é impossível expressá-lo".
190. LOSSKY, V. *The vision of God*, p. 49-51.
191. Frase atribuída a Numênio de Apameia (século II d.C.) por Clemente de Alexandria e Eusébio de Cesareia.

que as estrelas eram seres divinos, anjos, e descreviam um criador cujo trabalho era completado não pelo movimento, mas pelo descanso do Sabbath."[192]

Esses temas escriturais podem ser cotejados ponto a ponto com as respectivas passagens do *Timeu*, redigido por volta de 350 a.C. e assim posterior às escrituras hebraicas.[193]

A influência hebraica no pensamento grego e o peso desse último na formação do Cristianismo são questões a serem esclarecidas; nesse ínterim recorde-se que Platão "pode não ter sido um filósofo no sentido moderno, mas sim em um sentido mais elevado e antigo, segundo o qual o verdadeiro mestre é aquele que compreende e transmite uma doutrina de antiguidade imemorial e origem divina anônima".[194]

A dialética entre a Filosofia grega e a Bíblia pode ser vista como o encontro de movimentos paralelos: desde os tempos homéricos, passando pelos filósofos pré-socráticos, clássicos e helenísticos, os gregos realizaram a epopeia de percorrer até o extremo as possibilidades humanas sem o conceito de verdade religiosa revelada, ausente do pensamento helênico, sendo o ápice dessa odisseia Platão, Aristóteles e Plotino.

Os profetas hebreus desde Samuel partiam da religião patriarcal como verdade revelada, que não exprimiam em linguagem filosófica, mas em oráculos e hinos. A tradição hebraica foi institucionalizada com a dinastia davídica e o sacerdócio zadoquita no período do Primeiro Templo entre 960 e 620 a.C., quando entrou em um longo exílio de seis séculos. As duas correntes helênica e hebraica confluem em Filo, que viveu durante "a plenitude dos tempos"[195] e seria o primeiro filósofo cristão *avant la lettre*.

---

192. BARKER, M. *The Great High Priest*, p. 201.
193. BARKER, M. *Beyond the Veil of the Temple*, 1998, p. 9-10, nota 42. BARKER, M. Temple and Timaeus. *The Great High Priest*, p. 262-293. BARKER, M. *Creation*, p. 85, 88, 113, 117, 118, 128, 129 e 133.
194. COOMARASWAMY, A. K. Measures of Fire. *Metaphysics*, p. 160.
195. *Gálatas* 4: 4.

Filo exerceu importante influência no ambiente alexandrino, onde surgiu o neoplatonismo de Plotino. "Parece inegável que Filo, vivendo entre o primeiro século a.C. e o primeiro século d.C. e apresentando pela primeira vez na história a fusão de elementos do pensamento grego tradicional com elementos da cultura hebraica, foi também uma influência em Plotino, particularmente nas questões de *logos*, poderes espirituais, do mundo inteligível e nas relações entre teologia e ascetismo místico."[196]

Plotino (c. 205-270) e os cristãos parecem se ter ignorado, mas, com o Concílio de Niceia em 325, "seria através do Platonismo, especialmente em sua forma neoplatônica, que intelectuais de tendência filosófica puderam mais facilmente ser levados para o Cristianismo".[197]

Como escreveu Agostinho (354-430) sobre Caio Mario Vitorino (séc. IV): "Quando mencionei a ele [Simpliciano] que havia lido alguns livros dos platônicos que Vitorino – antigo professor de retórica em Roma, que morreu um cristão, como me disseram – havia traduzido para o latim, Simpliciano felicitou-me que não houvessem caído em minhas mãos os escritos de outros filósofos, plenos de falácias e engano, 'que se baseiam nos miseráveis elementos desse mundo',[198] enquanto nos platônicos, a cada passo, o caminho levou à crença em Deus e sua Palavra".[199]

A doutrina do *logos* não fazia parte do sistema original de Platão (c. 427-347 a.C.), devendo-se a partir de c. 300 a.C. à influência do Estoicismo, segundo o qual o *logos* imanente e material encerra em si as sementes (*logoi spermatikoi*) de todas as coisas, também corpóreas. "Os *logoi* plotinianos são a transposição em chave espiritualista da análoga doutrina materialista do Pórtico."[200]

---

196. GATTI, M. L. Plotinus: the Platonic tradition and the foundation of Neoplatonism. *The Cambridge Companion to Plotinus*, p. 10.
197. RIST, J. Plotinus and Christian philosophy. *The Cambridge Companion to Plotinus*, p. 408.
198. *Colossenses* 2: 8.
199. AGOSTINHO, *Confissiones*, VIII. 3-6.
200. REALE, G. *História da Filosofia Antiga*, v. 5, p. 154. O Pórtico é o Estoicismo.

A aproximação entre a Academia platônica e o Pórtico estoico influenciou uma série de obras atribuídas a Hermes, o equivalente helenístico de Thot, o deus egípcio da Sabedoria. Eram textos escritos em grego no Egito entre o segundo e terceiro séculos d.C. que manifestavam influências egípcias, iranianas, gregas e hebraicas. Esse conjunto foi denominado convencionalmente de *Corpus Hermeticum* e combina a sobriedade grega e o ardor místico oriental na "mais elevada religião do Helenismo".[201]

Uma importante obra do Hermetismo é o tratado *Logos Teleios* ("Discurso Perfeito"[202]), cuja versão latina atribuída a Apuleio (c. 125-180) foi comentada extensa e positivamente por Agostinho (354-430) no oitavo livro do clássico *De Civitate Dei*.

Ambrósio (c. 339-397) convenceu Agostinho "a pensar em Deus e na alma como substâncias imateriais, uma visão – surpreendentemente para nós – não usual entre os cristão do Ocidente naquele tempo, ainda que há muito familiar no Oriente",[203] onde teólogos cristãos de língua grega desenvolveram a doutrina do Logos transcendente e incriado, presente no mundo nos *logoi* das criaturas.[204]

No Cristianismo o Logos transcendente irradia seus "pensamentos volitivos", os *logoi* através dos quais sua imanência se apresenta no mundo criado. O Logos uno abrange todos os múltiplos *logoi*, que são a presença paradoxal do Logos extracósmico no cosmo, do transcendente no imanente, da unidade na multiplicidade e vice-versa.

Os *logoi* são também os propósitos designados para as criaturas por Deus. "As criações naturais de Deus nos declaram secretamente os *logoi* de acordo com os quais foram feitas e expõem em acordo consigo o propósito (*skopos*)

---

201. DODD, C. H. *The Interpretation of the Fourth Gospel*, p. 10.
202. Ou *Palavra de Iniciação*.
203. RIST, J. Plotinus and Christian philosophy. *The Cambridge Companion to Plotinus*, p. 403.
204. Agostinho refere-se aos *logoi* em *De civitate Dei* XI, 29 e *De diversis quaestionibus* LXXXII, 46, 2.

divino em cada criatura."²⁰⁵ Os *logoi* não só fazem de algo o que é, mas também definem sua finalidade. Em linguagem aristotélica, os *logoi* seriam a causa final dos entes.

Esse ensinamento permite explicar a possibilidade de conhecimento da Natureza pelo ser humano, pois aos *logoi* presentes no ser humano correspondem os *logoi* da Natureza. O ser humano e o mundo natural contêm em si a mesma racionalidade advinda do Logos.²⁰⁶

"Através das limitações impostas por nossa prática experimental, participamos na elaboração de leis científicas, em uma espécie de parceria com a Natureza. Mas é comum a todos, exceto aos mais extremos relativistas, a convicção de que existe uma certa ordem básica profunda na Natureza que permite o surgimento da prática científica significativa. Se a Natureza fosse um agregado completamente caótico, nenhuma descrição matemática compreensível da ordem cósmica seria possível."²⁰⁷

A doutrina cristã do Logos sintetiza todo o desenvolvimento da ideia de ordem cósmica no Crescente Fértil. À *Maat* egípcia corresponde a Sabedoria (*Chokmah* ou *Sophia*), e ao *me* sumeriano o estatuto (*choq*) hebraico. Filo adaptou o conceito secular grego de *logos* para expressar uma verdade também presente em seu contemporâneo João. Filo iniciou no primeiro século o estudo escritural das relações entre o Logos e os *logoi*, processo que culminou no século sétimo com Máximo Confessor expressando definitivamente o conceito cristão da ordem cósmica. Essa concepção dos *logoi* corresponde de modo geral ao conceito de leis da Natureza presente até meados do século XVIII na Ciência moderna.

---

205. Máximo Confessor, *Quaestiones ad Thalassium* 13.
206. Elemento fundamental na obra de dois importantes teólogos ortodoxos do século XX, o russo Vladimir Lossky (1903-1958) e o romeno Dumitru Staniloae (1903-1993).
207. JAEGER, L. *Cosmic Order and Divine Word*.

CIÊNCIA

Ciência e Cosmo

A Ciência é produto da especulação humana a respeito da ordem cósmica. Abraham Maslow (1908-1970) apresentou uma abordagem sob o prisma da Psicologia do Conhecimento postulando que a Ciência se origina de necessidades cognitivas instintivas relacionadas à procura de ordem no mundo.

"Muitos acadêmicos têm em várias ocasiões falado da necessidade de encontrar um sentido, da necessidade de valores, de uma filosofia ou uma teoria, ou de uma religião ou cosmologia, ou de um sistema explicativo ou de leis de dado tipo. Essas maneiras aproximadas de colocar a questão referem-se, em regra, a uma certa necessidade de ordenar, de estruturar, de organizar, de abstrair, ou de simplificar a multiplicidade caótica dos fatos."[208]

Tal propensão seria condicionada pela ansiedade e medo ou pela coragem, entendida "quer como ausência de medo, quer como a capacidade de superar o medo e de funcionar bem apesar dele".[209]

A combinação de cautela e arrojo seria o ideal para o cientista. A atuação excessivamente cautelosa produziria técnicos competentes que dificilmente lograriam descobrir novas verdades ou conceber teorias novas.[210] Uma ati-

---
208. MASLOW, A. As necessidades de conhecimento e o seu condicionamento pelo medo e pela coragem. DIAS de Deus, J. (org.). *A Crítica da Ciência*, p. 206-218.
209. *Ibid.*, p. 208.
210. Os cientistas "normais" do historiador Thomas Kuhn.

tude por demais voluntarista levaria a posições temerárias e destituídas de fundamentos sólidos. A solução é a clássica opção pelo caminho do meio: cautela temperada com audácia.

Historiadores da Ciência, como Joseph Needham (1900-1995), Thomas Kuhn (1922-1996), Gerald Holton, e filósofos da Ciência como Karl Popper (1902-1994), Jacob Bronowski (1908-1974) e Carl Gustav Hempel (1905-1997) apontam a ideia de ordem cósmica como um dos motivos condutores mais relevantes no estudo do desenvolvimento científico. Alguns são historiadores da Ciência que se valem da perspectiva filosófica no tratamento do material histórico e outros são filósofos da Ciência que recorrem com frequência à História como substrato de suas teorizações.

Ainda que divirjam quanto a outras questões, a integração entre História e Filosofia da Ciência é um traço comum da obra desses autores. Eles enfatizam, sob ângulos diversos, tanto a ideia de ordem quanto a questão do desenvolvimento científico. Mas com poucas exceções esses filósofos e historiadores da Ciência referem-se apenas de forma vaga à ideia de ordem cósmica nas antigas civilizações.[211]

Filósofos da Ciência também têm visto os primórdios da atividade especulativa do ser humano como uma resposta à angústia ou ansiedade provocada por eventos e experiências aversivas: "Que o homem sempre e persistentemente preocupou-se em compreender a enorme diversidade das ocorrências no mundo que o envolvia, deixando-o muitas vezes perplexo e não raro amedrontado, prova-o a multiplicidade de mitos e metáforas que imaginou para justificar a existência mesma do mundo e de si próprio, a vida e a morte, os movimentos dos astros, a sucessão regular do dia e da noite, as cambiantes estações, a chuva e o bom tempo, o relâmpago e o trovão."[212]

---

211. Uma exceção é Joseph Needham. Essa carência vem sendo suprida por autores como Robert Murray e Margaret Barker, bem como Lydia Jaeger e outros representantes do *Realismo Crítico Teológico*.
212. HEMPEL, C. G. *Filosofia da Ciência Natural*, p. 65.

Os primeiros pesquisadores teriam sido motivados por duas emoções primárias, o medo e o assombro: "o homem primitivo estava em grande parte à mercê da Natureza. Talvez o seu motivo mais forte para a investigação natural fosse atingir a paz de espírito, através de alguma explicação plausível para os desastres da Natureza. Ele queria descobrir as causas de terremotos, inundações, incêndios e doenças".[213]

O relativo sucesso das primeiras tentativas de explicação teria revelado que a Natureza, apesar de aparentemente estar plena de eventos aversivos e caóticos, é inteligível e ordenada. Essa revelação teria tido dois resultados importantes: primeiramente, o alívio do medo e a seguir, o assombro diante da estrutura ordenada da Natureza.

O pensamento mítico e religioso que precedera os filósofos gregos também tivera o objetivo de tentar compreender a Natureza. As tentativas iniciais de explicação mítica e religiosa teriam sido bem-sucedidas no sentido de que forneceriam respostas e amainariam a ansiedade das pessoas.

Segundo Karl Popper, a verdadeira inovação dos filósofos gregos foi optarem por debater as ideias dos demais assim como suas próprias ideias. Passaram a criticar a antiga tradição mítica e religiosa, criando novos mitos para substituir os mitos tradicionais.

Os mitos filosóficos tinham dois aspectos característicos: primeiramente, não eram apenas repetições ou adaptações dos velhos mitos, pois abarcavam novos elementos. O segundo aspecto é que criavam uma nova tradição de questionamento, tanto dos velhos mitos religiosos quanto dos nascentes mitos filosóficos. Essa tradição crítica filosófica estaria na origem da tradição crítica científica.

Popper sustenta que um dos pontos mais importantes da tradição é seu aspecto ordenador. "Estaríamos ansiosos, aterrorizados e frustrados e não poderíamos viver no mundo social se ele não contivesse um coeficiente elevado de ordem, grande número de regularidades às quais podemos nos

---

213. KNELLER, G. F. *A Ciência como Atividade Humana*, 1980, p. 11.

ajustar. A simples existência de tais regularidades talvez seja mais importante do que seus méritos e deméritos particulares. Necessárias enquanto regularidades e assim transmitidas como tradições, quer sejam ou não, em outros aspectos, racionais, necessárias ou boas ou belas ou o que se queira. Há uma necessidade de tradição na vida social."[214]

É assim que "a criação de tradições tem uma função semelhante à criação de teorias. Nossas teorias científicas são instrumentos com os quais procuramos trazer alguma ordem ao caos em que vivemos, de modo a torná-lo racionalmente previsível [...] Da mesma forma, a criação de tradições, como muito de nossa legislação, tem a mesma função de trazer certa ordem e previsibilidade racional ao mundo social em que vivemos. Não é possível agir racionalmente no mundo se não se tiver ideia de como o mundo responderá a nossas ações. Toda ação racional presume um certo sistema de referências que reage de modo previsível ou ao menos parcialmente previsível. Da mesma forma como a invenção de mitos ou teorias no campo da Ciência natural tem uma função – ajudar-nos a trazer ordem aos eventos da Natureza – assim também a criação de tradições traz ordem no campo da sociedade".[215]

A prática da observação sistemática objetivava verificar a veracidade ou não do mito em questão. "A Ciência progride principalmente pela tradição de alterar seus mitos tradicionais."[216]

As explicações científicas supõem dois requisitos próprios: relevância explanatória e verificabilidade. "Uma teoria é usualmente introduzida quando um estudo prévio de uma classe de fenômenos revelou um sistema de uniformidades que podem ser expressas em forma de leis empíricas. A teoria procura então explicar essas regularidades e proporcionar uma compreensão mais profunda e mais apurada dos fenômenos em questão. Com esse fim, interpreta os fenômenos como manifestações de entidades e de processos que estão, por assim dizer, por trás ou por baixo deles e que são governados por leis teóricas características, ou princípios teóricos, que permitem explicar as

---

214. POPPER, K. *Conjectures and Refutations*, p. 130-131.
215. *Ibid.*, p. 131.
216. *Ibid.*, p. 130.

uniformidades empíricas previamente descobertas e, quase sempre, prever 'novas' regularidades."[217]

A Ciência é a busca humana de uma ordem subjacente à Natureza, a procura da harmonia e unidade ocultas em fatos e situações aparentemente sem relação. Ao explorar tais diferenças e semelhanças, o cientista procura ordem nos diversos aspectos da Natureza, pois essa ordem não se apresenta por si própria de si mesma, ela deve ser descoberta e em um sentido profundo, precisa ser criada.

"Outros [cientistas] gostariam de dar espaço para a atividade criativa por parte do agente humano. Eles consideram que o que fazemos não é tanto descobrir a ordem natural, mas como construí-la."[218]

O desenvolvimento da Ciência é a descoberta a cada passo de uma nova ordem que dá unidade àquilo que antes parecia desconectado. A Ciência é a procura e a descoberta da unidade na aparentemente desordenada variedade da experiência humana da Natureza.[219]

Leis da Natureza

As primeiras leis eram casuísmos do costume não escrito em sociedades arcaicas. Os usos, costumes e ritos que compunham a lei consuetudinária eram considerados em acordo com a estrutura do universo e a vontade dos deuses. Esses usos não eram ordenanças e se fossem transgredidos haveria pouca sanção além da desaprovação moral da sociedade.

Entre os *amish*, membros de uma comunidade cristã menonita da América do Norte, a justiça ainda é exercida por um conselho de anciãos e a sentença mais rigorosa é o banimento, prática em que o atingido continua vivendo na comunidade, mas é ignorado pelos outros membros como se não existisse.

---

217. HEMPEL, C. G. *Op. cit.*, p. 208.
218. JAEGER, L. *Cosmic Order and Divine Word*.
219. BRONOWSKI, J. *Ciência e Valores Humanos*, p. 6 e 20-22.

Uma das expressões da chamada lei natural são as recomentações das Sete Leis de Noé. Enquanto povo sacerdotal por excelência, Israel fora incumbido no Monte Sinai de ensinar esses príncípios a todos os povos e os gentios que os seguissem seriam considerados Justos entre as Nações e teriam um lugar no mundo que há de vir (*olam haba*).

> Evitar a idolatria (não reificar o sagrado)
> Evitar o assassinato (matar apenas em legítima defesa e na guerra defensiva)
> Evitar o roubo (inclusive a paga injusta aos trabalhadores)
> Evitar a promiscuidade sexual (a família como homem, mulher e filhos)
> Evitar a blasfêmia (respeitar o sagrado)
> Evitar a crueldade contra animais (proteger a Natureza)
> Estabelecer cortes de justiça (fazer cumprir as leis anteriores)[220]

Este último princípio demonstra a passagem gradual da lei natural para a lei positiva. Com o crescimento do poder estatal as leis foram além dos preceitos anteriores baseados em princípios éticos comumente aceitáveis. Os legisladores incluíram nos códigos promulgados leis favoráveis ao Estado ou à classe governante, nem sempre baseadas nos costumes ou na Ética. A natureza dessa lei positiva era de ordenanças de um governo terreno e as transgressões resultavam em sanções.

Por volta de 2100 a.C. surge nos documentos escritos sumerianos a ideia de que, assim como os deuses estatuíram leis para a Natureza, os regentes dos seres humanos também promulgariam leis que governariam seus súditos.

A concepção da unidade da ordem cósmica e da ordem ética entre os gregos abrangia os céus, a terra e a sociedade humana. Essa ideia estava implícita na palavra *kosmos*, utilizada por pitagóricos, platônicos e aristotélicos.

Aristóteles distinguiu a lei natural (*dikaion physikon*) da lei positiva (*dikaion nomikon*), o que deixou traços na terminologia legal. A justiça física de Aris-

---

220. *Gênesis* 9: 4-6; *Atos* 15: 5-29.

tóteles representa a ética universal e apresenta-se como *jus, droit, diritto, Recht* e *pravo*, sendo equivalentes chineses *i* (義) e *li* (禮). A justiça nômica é decretada por autoridade legislativa específica e denominada *lex, law, Gesetz* e na China *fa* (法).

Na era helenística, as concepções sumerianas e depois babilônicas entraram em contato com o conceito estoico de que o Zeus imanente ao mundo era *koinos nomos*, a Lei Universal, concepção que também influenciou o conceito romano de uma lei natural comum a todos os homens, por mais diferentes que fossem suas culturas e os costumes locais. Como escreve Cícero (106-43 a.C.) em *De Legibus*: "O universo obedece a Deus, mares e terra obedecem ao universo e a vida humana está sujeita aos decretos da Lei Suprema".

No império romano eram reconhecidas duas espécies de leis, sendo o *jus gentium* aplicável aos estrangeiros residentes no império, concebido depois como *jus naturale* (lei natural) comum a todas as nações e aplicável nas relações entre elas. A segunda era o *jus civile*, a lei positiva civil codificada do Estado romano e aplicável aos cidadãos do império.

Segundo Joseph Needham, na civilização ocidental as ideias de lei natural jurídica e de leis da Natureza remontam a uma raiz comum.[221] O poeta romano Ovídio (43 a.C.-18 d.C.) escreveu frases como *qua sidera lege mearent* ("leis que regem o curso dos astros"[222]) e a monstruosidade que seria se *omnia naturae praepostera legibus ibunt* ("todas as coisas ocorressem revertendo as leis da Natureza").[223]

No Oriente mediterrânico a doutrina das razões (*logoi* [224]) floresceu em Alexandria, onde além de Filo (c. 20 a.C.-50 d.C.) foi desenvolvida por Orígenes (c. 185-254) e Atanásio (c. 293-373). Os escritos de Evágrio de Ponto (c. 345-399) e Dionísio Areopagita (séculos V-VI) influíram diretamente em

---

221. NEEDHAM, J. *Science & Civilisation in China*, v. 2, 1956.
222. *Metamorphoses*, XV, 66.
223. *Tristia*, I, 8: 5.
224. Pitágoras de Samos (c. 570-495 a.C.) observara que a harmonia musical e o triângulo retângulo refletiam razões numéricas e proporções racionais às quais denominou *logoi*.

Máximo Confessor (c. 580-662).²²⁵ No Ocidente foi difundida por Agostinho (374-430), que traduziu *logoi* por *rationes*.

A concepção de legisladores celestes estabelecendo regras para os fenômenos naturais foi uma influência dos sumerianos nos babilônios e depois nos hebreus, reforçada a partir do exílio na Babilônia em 586 a.C. A Bíblia apresenta passagens claras em que Deus surge legislando sobre a Natureza. Filósofos e teólogos cristãos como Tomás de Aquino (1225-1274) continuaram as concepções hebraicas.

"Há certa Lei Eterna, a saber, a Razão, existente na mente de Deus e governando todo o universo [...] Pois a lei não é nada mais que o ditado da razão prática (*dictamen practicae rationis*) no soberano que governa uma comunidade perfeita. Ora é manifesto que, como já vimos, o mundo é governado pela providência divina. E assim, essa Razão, desse modo governando todas as coisas e existindo em Deus, o governador do universo, tem a natureza de Lei."²²⁶

Com o declínio do feudalismo e o surgimento do Estado capitalista, aumentou o poder da autoridade centralizada. A explicitação do conceito de leis da Natureza acompanha o aparecimento do absolutismo real no fim do feudalismo e início do capitalismo. A Europa apresentou um desenvolvimento teológico e filosófico que resultou na Ciência moderna e na supremacia tecnológica sobre o resto do planeta, mormente a partir do Renascimento e da Reforma.²²⁷

Os líderes da revolução científica apresentavam suas leis da Natureza como um rompimento com a Ciência grega transmitida pelos escolásticos medievais, baseada nas categorias aristotélicas das substâncias e suas qualidades.²²⁸ Nas palavras de Newton: "Os modernos, rejeitando formas substanciais e qualidades ocultas, comprometeram-se a trazer de volta os fenômenos da Natureza para as leis matemáticas".²²⁹

---

225. THUNBERG, L. *Microcosm and Mediator*, p. 73.
226. *Summa Teologica*, escrita entre 1265 e 1274.
227. NEEDHAM, J. *Science & Civilisation in China*, v. II, p. 533-543.
228. JAEGER, Lydia. The idea of Law in Science and Religion. *Science and Christian Belief*, XX, 2008, p. 133-146.
229. NEWTON, I. Prefácio a *Philosophiæ Naturalis Principia Mathematica*, 1687.

"Vós ordenastes todas as coisas com número, peso e medida."[230]

Após séculos como um vago pressuposto teórico, a ideia de leis da Natureza de origem divina tornou-se explícita nos séculos XVI e XVII. Os primeiros autores modernos, como Copérnico (1473-1543), Galileu (1564-1642), Kepler (1571-1630), Descartes (1596-1650), Robert Boyle (1627-1691), John Locke (1632-1704) e Isaac Newton (1643-1727), enfatizaram que essas leis foram implantadas na Natureza pela livre vontade de Deus.

Nesse ponto Newton não foi seguido por seus sucessores e o desenvolvimento filosófico e científico posterior orientou-se no sentido de esvaziar as leis da Natureza de sua origem teológica. A partir de meados do século XVIII o Deísmo transformou o Grande Arquiteto do Universo em um *deus otiosus*[231] que após a Criação perdeu interesse pelo mundo, que passaria a ser regido automaticamente pelas leis da Natureza. Isso abriu caminho para o determinismo e o mecanicismo, como na obra do "Newton francês", o físico e matemático Pierre-Simon Laplace (1749-1827). A "hipótese de Deus" não seria mais necessária e o próximo passo lógico foi o naturalismo ateu do século XIX.

Escólio Geral dos *Principia*

A abordagem da chamada Teologia do Escólio Geral[232] auxiliará a compreensão da ideia de ordem cósmica a partir do documento crucial que conclui uma das mais importantes obras da História da Ciência.

Após a Reforma no século XVI a lei divina que ordenava a Natureza passou a ser aos poucos secularizada, mas ainda era Deus quem governava o mundo por meio de leis passíveis de tratamento quantitativo. Um hino protestante baseado no Salmo 148 e publicado em 1796 evidencia que no ambiente reli-

---
230. *Sabedoria de Salomão* 11: 20.
231. Deus ocioso.
232. Título de uma seção do artigo de Steffen Ducheyne, *The General Scholium: some notes on Newton's published and unpublished endeavours*.

gioso da Inglaterra do final do século XVIII as leis da Natureza newtonianas ainda eram vistas como de origem divina.

> "Praise the Lord, for He hath spoken
> Worlds His mighty voice obeyed
> Laws which never shall be broken
> For their guidance He hath made"[233]

Para Isaac Newton (1643-1727) as leis da Natureza refletiam uma inteligência superior e sutil e suas teorias não postulavam um determinismo físico absoluto. Mas a Ciência "newtoniana" que permaneceu por dois séculos não foi a concepção do físico e matemático inglês, mas uma adaptação mecanicista, na qual o aspecto filosófico e metafísico de suas ideias foi comprometido, criando a imagem de um universo frio e mecânico. "O sistema do mundo de Newton não era uma máquina fria, mas antes uma estrutura delicada que flutuava em nada menos do que o próprio sensório de Deus."[234]

O universo "não pode ser o efeito de outra coisa senão a sabedoria e habilidade de um agente poderoso e sempre vivo, que estando em todos os lugares, é mais capaz por sua vontade de mover os corpos dentro de seu ilimitado e uniforme *Sensorium* e assim formar e reformar as partes de nossos próprios corpos. Mesmo assim não devemos considerar o mundo como o corpo de Deus ou suas várias partes como partes de Deus. Ele é um Ser uniforme, sem órgãos, membros ou partes e suas criaturas a ele subordinadas e subservientes à Sua vontade. E ele não é uma entre as espécies de coisas levadas através dos órgãos dos sentidos para o lugar de sua sensação, onde ele as percebe por meio de sua Presença imediata, sem a intervenção de terceiros. Órgãos dos sentidos não são para permitir que a alma perceba as espécies de coisas em seu *Sensorium*, mas apenas para transmiti-las ali e Deus não tem necessidade de tais órgãos, sendo ele presente em toda parte para as próprias coisas. E como o espaço é divisível *in infinitum* e a matéria não está necessariamente em todos os lugares, também se pode admitir que Deus é capaz de criar partículas de matéria de vários tamanhos e formas, em proporções diversas

---

233. *Psalms, Hymns, and Anthems of the Foundling Hospital*. Londres, 1796.
234. HOLTON, G. *A Iimaginação Científica*, p. 228.

do espaço e talvez de diferentes densidades e forças e assim diversificar as leis da Natureza e fazer mundos de vários tipos e várias partes do universo. Ao menos não vejo contradição alguma em tudo isso."[235]

Em 1713, na segunda edição dos *Princípios Matemáticos da Filosofia Natural*, Newton adicionou um comentário geral, o *General Scholium*, ligeiramente modificado na terceira edição em latim de 1726, traduzida para o inglês em 1729. O Escólio Geral pode ser considerado o testamento de Newton e nele é evidente a origem teológica de sua interpretação das leis da Natureza.

Cerca de metade do *Scholium* é devotado a questões teológicas. Após três parágrafos nos quais critica a teoria dos vórtices de Descartes (1596-1650), Newton insere bruscamente no texto um compacto tratado de Teologia, para depois retornar a questões científicas.

Quando em público Newton comportava-se como anglicano, mas na verdade era antitrinitarista, heresia que na época poderia acarretar consequências. O texto do *Scholium* é uma grinalda de passagens bíblicas[236] com a intenção subliminar de tornar o argumento inatacável do ponto de vista escritural. As duas eruditas notas do autor acentuam essa estratégia.[237] O *General Scholium* vem sendo comentado sob vários ângulos desde que foi publicado no início do século XVIII e documenta uma cosmovisão suplantada pela Ciência secular como historicamente se efetivou. Um expoente dessa visão depois esquecida foi o cientista mais influente durante os séculos XVIII e XIX.

---
235. NEWTON, I. *Opticks*, 1730. Questão 31.
236. A trama escritural é detalhada por S. D. Snobelen em "God of Gods, and Lord of Lords": The Theology of Isaac Newton's General Scholium to the Principia. *Osiris* 16, 2001, p. 169-208.
237. As abreviações das notas foram complementadas, a linguagem atualizada sem prejuízo do conteúdo e as passagens escriturais normatizadas.

Teologia do *Escólio Geral*[238]

Isaac Newton

"Esse sistema muito belo do Sol, planetas e cometas poderia proceder apenas do conselho [propósito] e soberania de um ser inteligente e poderoso. E se as estrelas fixas são os centros de outros sistemas semelhantes, esses sendo formados pelo mesmo sábio conselho, devem estar todos sujeitos à soberania de Um, especialmente sendo a luz das estrelas fixas da mesma natureza da luz do Sol e a partir de cada sistema a luz passa por todos os outros sistemas. E para que os sistemas das estrelas fixas não possam, pela sua gravidade, cair uns sobre os outros mutuamente, Ele colocou esses sistemas a imensas distâncias uns dos outros. Esse Ser governa todas as coisas, não como a alma do mundo, mas como Senhor de tudo e graças a seu domínio Ele deve ser chamado de *Senhor Deus Pantocrator* ou *Soberano Universal*. Porque *Deus* é uma palavra relativa e diz respeito a súditos e *Divindade* é a soberania de Deus, não sobre seu próprio corpo, como imaginam aqueles que fantasiam Deus como sendo a alma do mundo, mas sobre súditos. O Deus Supremo é um Ser eterno, infinito, absolutamente perfeito; mas ainda que perfeito, um ser sem soberania não pode ser dito ser o Senhor Deus, pois dizemos meu Deus, teu Deus, o Deus de Israel, o Deus dos Deuses e Senhor dos Senhores, mas não dizemos meu Eterno, teu Eterno, o Eterno de Israel, o Eterno dos Deuses; não dizemos meu Infinito ou meu Perfeito: esses são títulos que não dizem respeito a súditos. A palavra *Deus* usualmente[239] significa *Senhor*; mas nem todo senhor é um Deus. É a soberania de um ser espiritual que constitui um Deus; uma verdadeira, suprema ou imaginária soberania faz um verdadeiro, supremo ou imaginário Deus. E de sua verdadeira soberania segue-se que o verdadeiro Deus é um Ser vivo, Inteligente e Poderoso, e de suas outras perfeições que ele é Supremo ou o mais Perfeito. Ele é Eterno e Infinito, Onipotente e Onisciente; isto é, sua duração se estende de Eternidade a Eternidade; sua

---

238. NEWTON, I. *The Mathematical Principles of Natural Philosophy*, 1729, p. 387-393.
239. O Dr. [Edward] Pocock deriva a palavra latina *Deus* do árabe *du* (no caso oblíquo *di*), que significa *Senhor*. E nesse sentido príncipes são chamados *deuses* (*Salmos* 82: 6 e *João* 10: 35). E Moisés é chamado de um deus para seu irmão Aarão e um deus para Faraó (Êxodo 4: 16 e 7: 1). E no mesmo sentido as almas de príncipes mortos eram chamadas de deuses pelos pagãos, mas falsamente, porque eles queriam soberania.

presença de Infinito a Infinito; ele governa todas as coisas e conhece todas as coisas que são ou podem ser feitas. Ele não é Eternidade ou Infinitude, mas Eterno e Infinito; ele não é Duração ou Espaço, mas perdura e está presente. Ele perdura para sempre e está presente em todo lugar e por existir sempre e em todo lugar, ele constitui Duração e Espaço. Uma vez que cada partícula de espaço é *sempre* e todo momento indivisível de Duração está em *todo lugar*, certamente o Criador e Senhor de todas as coisas não pode ser *nunca* e *nenhum lugar*. Toda alma que tem percepção, embora em diferentes tempos e em diferentes órgãos dos sentidos e movimento, continua a ser a mesma pessoa indivisível. Há determinadas partes sucessivas na duração, partes coexistentes no espaço, mas nem uma nem outra na pessoa de um homem ou seu princípio pensante; e muito menos podem elas ser encontradas na substância pensante de Deus. Cada homem, enquanto é uma coisa que tem percepção, é um único e mesmo homem durante toda sua vida, em todos e cada um de seus órgãos dos sentidos. Deus é o mesmo Deus, sempre e em todo lugar. Ele é onipresente, não apenas *virtualmente*, mas também *substancialmente*; pois virtude não pode subsistir sem substância. Nele[240] todas as coisas estão contidas e se movem; mesmo assim um não afeta o outro: Deus não sofre nada do movimento dos corpos, os corpos não encontram nenhuma resistência da onipresença de Deus. É admitido por todos que o supremo Deus existe necessariamente e pela mesma necessidade ele existe *sempre* e em *todo lugar*. Por isso também ele é todo similar, todo olho, todo ouvido, todo cérebro, todo braço, todo poder de perceber, de entender e agir; mas de uma maneira de modo algum humana, de uma maneira de modo algum corporal, de uma maneira totalmente desconhecida para nós. Como um cego não tem ideia de cores, nós também não temos ideia do modo pelo qual o todo sapiente Deus percebe e entende todas as coisas. Ele é totalmente desprovido de qualquer corpo e figura corporal e portanto não pode ser visto, nem ouvido, nem tocado, nem deve ser Ele adorado sob a representação de qualquer coisa corpórea. Temos

---

240. Esta era a opinião dos antigos. Assim Pitágoras em Cícero, *De Natura Deorum*, livro I. Tales e Anaxágoras em Virgílio, *Georgicas*, livro IV, verso 220. E na *Enéada*, livro VI, verso 721. Filo em *Legum Allegoriarum* no princípio do livro I. Arato no início de seu *Phaenomena*. Assim também os sagrados escritores como São Paulo, *Atos* 17: 27-28. O Evangelho de São João 14: 2; Moisés em *Deuteronômio* 4: 39; Davi, Salmo 140: 7-9; *Salomão*, I *Reis* 8: 27; *Jó* 12: 14; *Jeremias* 23: 23-24. Os idólatras supunham que o Sol, a Lua e as estrelas, as almas dos homens e outras partes do mundo seriam partes do Deus supremo e portanto dignos de serem adorados, mas erroneamente.

ideias de seus atributos, mas o que é a real substância de qualquer coisa, não sabemos. Nos corpos vemos apenas suas figuras e cores, ouvimos os sons, tocamos somente suas superfícies externas, nosso olfato percebe apenas os aromas e provamos os sabores; mas suas substâncias interiores não são para serem conhecidas, quer pelos nossos sentidos ou por qualquer ato reflexo de nossas mentes; então menos ainda temos qualquer ideia da substância de Deus. Nós o conhecemos somente por suas intervenções mais sábias e excelentes nas coisas e causas finais; o admiramos por suas perfeições; mas nós o reverenciamos e adoramos por conta de sua soberania. Pois nós o adoramos como seus súditos e um Deus sem soberania, providência e causas finais nada mais é que Destino e Natureza. Uma necessidade metafísica cega, que certamente seria a mesma sempre e em todo lugar, não poderia produzir qualquer variedade de coisas. Toda a diversidade de coisas naturais que encontramos, adaptadas a diferentes épocas e lugares, não poderia surgir de nada a não ser as ideias e vontade de um Ser necessariamente existente. Mas, por meio de alegoria diz-se que Deus vê, fala, ri, ama, odeia, deseja, doa, recebe, alegra-se, se enraivece, luta, molda, trabalha, constrói. Pois todas as nossas noções de Deus são tomadas dos modos da humanidade, por uma certa similitude que embora não seja perfeita, no entanto tem alguma semelhança. E é o bastante a respeito de Deus; discuti-lo a partir das aparências das coisas certamente é apropriado à Filosofia Natural."

Relógios e nuvens

O filósofo Karl Popper abordou o problema teórico da possibilidade de que a concepção de leis da Natureza leve a uma cosmovisão submetida a um determinismo estrito.[241] Segundo ele a visão científica da ordem cósmica pode ser compreendida através de um arranjo em que à esquerda está situado um relógio de precisão e à direita uma nuvem desordenada. O relógio representa sistemas físicos regulares e previsíveis; a nuvem simboliza sistemas físicos irregulares e imprevisíveis.[242]

---

241. Palestra na Universidade de Washington, Saint Louis, Missouri em 1965.
242. POPPER, K. *Objective Knowledge*, cap. 6.

Entre os séculos XVIII e XX imaginava-se que a revolução newtoniana postulara um determinismo físico em que todas as nuvens seriam relógios. A partir do início do século XX foi se estabelecendo a ideia de que todo e qualquer relógio, como o Sistema Solar, conteria um elemento de acaso. O cosmo, além das leis newtonianas como eram interpretadas deterministicamente, seria também regido por leis de probabilidade estatística. Mesmo o relógio mais preciso seria um tanto anuviado em sua estrutura molecular. O mundo é um sistema ordenado de nuvens que parecem relógios; em outras palavras, existem apenas nuvens.

A teoria quântica, surgida por volta de 1925, aceitou o indeterminismo, que se tornou a doutrina estabelecida. "Enquanto o determinismo físico exige uma predeterminação física completa e infinitamente precisa e a ausência de qualquer exceção, o indeterminismo físico assevera somente que o determinismo é falso e que há ao menos algumas exceções, aqui e ali, à predeterminação precisa".[243]

Para Popper uma solução seria ver os sistemas físicos como uma realidade interagindo sutilmente com a outra, um sistema plástico controlando suavemente outro sistema plástico, nuvens controlando nuvens. A visão do mundo como sistema fechado se oporia a outra em que o mundo físico é um sistema aberto.

Lydia Jaeger alerta para que essa abertura não seja levada a extremos. "As revoluções que ocorreram na Física no início do século XX certamente mudaram nossa compreensão filosófica da natureza da ordem cósmica. A mecânica quântica introduziu o acaso nos níveis mais básicos de nossas teorias físicas. Entretanto, probabilidades quânticas são elas mesmas descritas através de fórmulas matemáticas precisas. A teoria quântica não nos transporta para o mundo assustador da magia, onde qualquer coisa pode acontecer. É parte da ordem profunda da Natureza, que a Ciência tem sido capaz de compreender ao menos parcialmente."[244]

---

243. *Ibid.*, p. 220.
244. JAEGER, L. *Cosmic Order and Divine Word*.

SÍNTESE

Em civilizações históricas existiram desde há milhares de anos concepções que não enfatizavam apenas deuses, demônios, espíritos e outras entidades personificadas como responsáveis pelos acontecimentos do mundo, mas destacam também padrões permanentes e regularidades embasadas na ordem cósmica.[245]

Enquanto a elite educada de cada civilização antiga tendia para as raízes metafísicas de sua cosmovisão, expressando-a através de símbolos geométricos, topográficos e outros, essa elite tolerava a atração da religião popular pela personificação e por um colorido folclore expressando a mesma visão.

O estudo histórico comparativo da ideia de ordem cósmica revela que incidências comuns a algumas culturas não se manifestam em outras da mesma forma, já que essa concepção se revela colorida pelas contingências de tempo e lugar que informam cada sociedade.

Sejam conceitos como *teotl*, *tao*, *artha*, *rta*, *dharma*, *fas*, *me* ou personificações como *Maat* ou *Sophia*, beneficiam-se do diálogo com a doutrina hebraica da Sabedoria (*Chokmah*) e a concepção greco-cristã de um Logos incriado e transcendente, presente na criação através dos *logoi* das criaturas. Até finais do século XVIII na Europa esses *logoi* ainda poderiam de certa forma ser compreendidos como análogos às leis da Natureza, pois a partir do imanente elas ainda se referiam a sua origem transcendente.

---

245. RHYS DAVIDS, T. W. *Cosmic Law in Ancient Thought*, 1919.

Evitando uniformização ou coerência artificiais, as incidências por vezes díspares, por vezes harmônicas podem ser sintetizadas em certas características. As fontes pré-modernas apontam certos aspectos significativos da ideia de ordem cósmica: ela é a substância da estabilidade do universo; o fundamento das instituições sociais e do Direito; a integração de dois princípios; manifesta-se como naturalidade e transcende a linguagem discursiva.

Substrato do Universo

No México antigo, a ordem cósmica (*teotl*) era concebida como bastante dinâmica. Cada um dos elementos do universo manifestava-se de maneira violenta em um ciclo e em sua fúria acabava por destruí-lo. Os mexicas consideravam-se como estando no mais dinâmico dos ciclos, o Sol de Movimento. A ordem do cosmo é a regra que coordena essa série de movimentos e mudanças bruscas, qualidades distintas umas das outras, que surgem, desaparecem e ressurgem perenemente. O ser humano seria um ente bastante desesperançado se não conhecesse a ordem que rege esse cosmo caleidoscópico. Ao conhecê-la verifica que tudo é efêmero.

Ainda que alguns afirmem que o sentido arcaico de Tao tenha sido o curso das estrelas e o sustentáculo das diversas partes do céu, tornou-se mais etéreo e abstrato no decorrer do desenvolvimento cultural da China, expressando o sentido plástico que se encontra nos tempos clássicos. Na China clássica a questão do fundamento e da estabilidade do universo adquire aspectos caracteristicamente fluidos: o Tao não é uma ordem cósmica instituída por algum deus criador, pois nem o Tao nem o mundo foram criados. O universo incriado é um conjunto harmônico de elementos cujo livre jogo demonstra fenomenologicamente a existência de uma ordem de coisas que por conveniência humana é denominada Tao. Não há um caos a ser organizado através de força ou atrito. Se o ser humano intervém por demais ativamente na ordem cósmica, recebe passivamente os resultados da desordem que praticou, para que o todo não seja também desordenado.

A ordem cósmica é expressa na Índia védica por *rta*, conceito que veicula a ideia de que o cosmo é um conjunto de partes articuladas e adaptadas entre si, adequadas e harmônicas. Ao *rta* obedecem todos os processos naturais ordenados e regulares, que surgem a partir do agenciamento do deus Varuna, que diferenciando o céu da terra, permite a existência de um espaço livre, que viabiliza os movimentos do Sol, da luz, dos ventos e das chuvas, com seus ritmos próprios. O *rta* é descrito como um éter ou substância sutil que permeia todo o cosmo, espraiando-se a partir da sede do *rta*, situada no mais alto dos céus.

Na Índia clássica o *dharma* é o estatuto que rege os processos cósmicos, o sustentáculo do universo. Há o Dharma universal e os vários *dharmas* dos seres ou classes de entes. O *dharma* não qualificado remete à substância última e universal dos seres, enquanto o *dharma* qualificado refere-se aos seres particulares.

No Egito faraônico Maat é a personificação da ordem cósmica perfeita, abrangendo a Natureza e a sociedade. Ela foi divinamente instituída no princípio dos tempos como fundamento do mundo. Manifesta-se fenomenologicamente nas regularidades naturais, no acontecer ordenado dos ritmos e ciclos cósmicos: o circuito regular do Sol e a recorrência de dias e noites; as três estações, respectivamente a inundação do Nilo, sua vazante e a estação árida; os anos de doze meses; as fases da Lua; o curso dos astros, com as estrelas fixas e as estrelas móveis ou planetas; as diversas fases da vida vegetal.

Essa ordem paradisíaca estava sempre ameaçada por fatores caóticos, cujos detalhes variam de acordo com as várias tradições paralelas que constituem a mitologia egípcia, mas que concordam no essencial: Maat, a ordem perfeita estabelecida no início, deveria ser defendida do perigoso e indesejável retorno ao caos primordial. Quando os processos naturais se manifestavam com falta ou excesso, ou quando inimigos internos ou externos da ordem instituída no início dos tempos punham-na em perigo, eram realizados rituais, como o rito de oferenda de Maat e outras cerimônias. Diante do perigo permanente representado pelas forças do caos, como sucedeu historicamente no primeiro e segundo Períodos Intermediários, certas medidas e atitudes seriam necessárias para manter a boa ordem. O Filho do Sol e seus súditos aristocratas e plebeus deveriam pautar seu comportamento por uma conduta ética baseada na interpretação tradicional do significado humano da ordem cósmica. Em último caso, eram acionadas as forças armadas e o dever do faraó, dos nobres, dos soldados e marinheiros era pôr suas vidas em risco em prol dos Dois Países e sua ordem perfeita.

Na Suméria os *me* eram a raiz ou base da existência empírica dos vários entes, atividades e instituições, estabelecendo suas propriedades e características. A razão de ser dos deuses era guardar os *me*, trabalhar para manter a ordem cósmica, sempre ameaçada pelo caos, no que deveriam ser auxiliados pelos homens. Se nos mitos os deuses não parecem particularmente bem-sucedidos nessa tarefa, por isso mesmo exemplificam aos homens a dificuldade que é agir de acordo com a ordem universal, mesmo para seres divinos.

Fundamento da Sociedade

O dever supremo do imperador da China era manter a ordem cósmica (Tao). As ordens cósmica e social eram imagens especulares uma da outra. Seja a sociedade natural e bucólica como queriam os taoistas, seja sofisticada e hierarquizada como pretendiam os confucionistas, ambas repousariam nas respectivas concepções do Tao.

Na China clássica a ordem cósmica era o fundamento do Direito e da justiça. O Legismo propunha, a partir do Tao não manifestado, o *fa* (法) formulável, a ordenação da sociedade em um sistema legal positivo e atuante, cuja base seria o Tao transcendente. As leis abstratas (*fa* 法) formuladas com precisão e rigor não agradavam ao Confucionismo, que as considerava demasiado passíveis de uma aplicação fria, mecânica e desumana.

Os confucianos optaram pelo direito consuetudinário, baseado no sentido natural de justiça, o qual se fundamentava na ordem natural, que tenderia a manter. O *li* (禮) ou direito consuetudinário estava baseado em *i* (義) ou justiça, a qual seria sustentada pelo Tao. O *li* (禮) era constituído dos usos e costumes considerados bons, que se revelavam em acordo com *i* (義) ou justiça, o que é considerado justo pelo homem natural, cujo sentimento espontâneo de ética estaria baseado no Tao ou ordem cósmica.

No Antigo Egito, assim como *maat* é o substrato da ordem natural, também é o fundamento da ordem social. A Natureza e a sociedade estão unidas pela mesma ordem subjacente. *Maat* é a base do trono faraônico e o faraó é seu demiurgo, assim como juízes e magistrados são considerados seus sumos sacerdotes. O dever do faraó é praticar *maat* e fazê-la praticar pelos súditos. O soberano divino não baseia o exercício da autoridade absoluta em seu próprio arbítrio, mas governa a partir de seu conhecimento da natureza da ordem cósmica que tudo abrange, pois é sua a responsabilidade de manter a boa ordem nos Dois Países e ficar atento às forças do caos, sempre prestes a irromper a partir dos desertos, florestas e mares que envolvem o Egito.

O advento de um novo faraó é considerado um novo início dos tempos, no qual a ordem perfeita do começo do mundo volta a vigorar em sua integridade. A ordem natural instalada quando da criação do universo e a ordem institucional implantada pelos primeiros faraós eram perfeitas e harmônicas entre si. Qualquer mudança era por demais arriscada, abrindo a possibilidade da volta ao caos primordial. Isso resultou tanto na maravilha de uma civilização que permaneceu por três milênios quanto na olímpica defasagem em relação a outras culturas emergentes. Maat é também o fundamento do Direito e da Justiça.

O termo *maat* tem o sentido primordial de "reto", significado geométrico e espacial abstraído como "retitude" e "Direito", designando tanto a administração legal quanto a relação justa entre governantes e governados. A justiça é parte integrante da ordem cósmica e mantê-la uma das condições para que vigore um estado de coisas o mais próximo possível da perfeição que existia no início dos tempos.

Do mesmo modo como a ordem cósmica é o fundamento do trono faraônico, a Sabedoria tem função semelhante em Israel: "Por mim os reis reinam e príncipes decretam a justiça, por mim governam líderes, nobres e todos juízes da terra".[246]

Na Suméria as diversas instituições sociais têm seus respectivos *me* ou modelos paradigmáticos. A tarefa primordial dos deuses sumerianos é a preservação

---

246. *Provérbios* 8: 15-16.

da ordem universal e para isso reclamam a participação dos seres humanos, significando que esses devam manter instituições sociais adequadas a esse fim. Como o ser humano e a Natureza não existem separadamente, a ordem universal depende da existência de instituições acordes com a ordem cósmica.

Em Roma o *fas* ou ordem cósmica é o fundamento do *jus*, a ordem nos negócios humanos. A ideia da ordem cósmica como fundamento do Direito humano está presente em todo o mundo indo-europeu. Ao contrário da Índia e da Grécia antigas, que optaram pelo direito consuetudinário, é especificamente romana a busca da lei positiva formulada em termos abstratos.

O termo sânscrito *dharma* pode ser traduzido como "estatuto", pois significa o que está firmemente estabelecido e entre seus sentidos derivados estão lei, ordenação, justiça, Direito, ética e decreto. Agir com justiça é agir de acordo com o *dharma* próprio e levando em consideração o *dharma* do outro. Além do direito e da justiça, na Índia clássica o Dharma é considerado o fundamento das demais instituições sociais.

Complementaridade

"Pode ser denominada dualista, em geral, toda forma de metafísica ou de doutrina que admite a existência de 'dois gêneros' de ser, um corruptível e sensível, outro incorruptível e inteligível. Entendendo-se o termo nesse sentido, é *dualista quem quer que admita uma transcendência*. Desde esse ponto de vista, tanto Platão como Aristóteles são dualistas,"[247] bem como a tradição hebraica e sua manifestação no Cristianismo.

Não o dualismo enquanto dois princípios irreconciliáveis, mas uma polaridade inerente à manifestação. "Ainda que a verdade última do 'dualismo' possa ser repudiada, alguma espécie de dualismo é logicamente inevitável para todos os propósitos práticos, porque qualquer mundo no tempo e espaço ou que pudesse ser descrito em palavras ou símbolos matemáticos, deve ser de contrários, tanto quantitativos como qualitativos, por exemplo, longo e curto, bem e mal; e mesmo se pudesse ser de outro modo, sem esses

---

247. REALE, G. *História da Filosofia Antiga*, v. 5, p. 79.

opostos, seria um mundo em que qualquer possibilidade de escolha e de passagem de potência a ato seria excluída, não um mundo que pudesse ser habitado por seres humanos como nós."[248]

A doutrina da complementaridade é expressa liricamente em um hino tolteca:

"Ela do vestido estrelado,
Ele que faz tudo brilhar.
Ela vestida de negro,
Ele do manto vermelho.
Ela que suporta a terra,
Ele que a cobre de algodão".[249]

Na Mesoamérica o sagrado (*teotl*) apresentava-se personificado na divindade suprema concebida como andrógina e simultaneamente una e dupla. O asteca *Ometeotl* significa literalmente Divindade Dual e sua residência é Omeyocan, Lugar da Dualidade. A opção fundamental dos astecas foi a adoção de um dualismo no qual identificaram o bem com a luz e o mal com as trevas, tomando o partido do Sol na luta cósmica. Essa perspectiva acabou produzindo consequências drásticas, como sacrifícios humanos que visavam preservar a vida do Sol.[250]

Os pontos branco e preto representam o *yin* no *yang* e vice-versa

---

248. COOMARASWAMY, A. K. *Metaphysics*, p. 24.
249. NEEDHAM, J.; GWEI-DJEN, L. *Trans-Pacific Echoes & Resonances*, p. 37.
250. *Ibid.*

Na China clássica *yin* e *yang* são duas forças que não estão em oposição absoluta, pois uma implica e está presente na outra, são interdependentes e complementares, em um jogo perene ao ritmo do Tao.

No Egito, a totalidade do mundo era resultado da oposição equilibrada de dois princípios. O palácio do rei egípcio tinha duas entradas e era denominado Casa Dupla ou *par-o* (⌐⌐), origem da palavra "faraó". O faraó governava a terra dos Dois Países: o Alto Egito ou vale do Nilo e o Baixo Egito, o Delta. Havia o Nilo do Sul, que banhava o Egito e corria no sentido Sul-Norte, e o Nilo do Norte, o Eufrates, limite natural ideológico do império faraônico, separando-o da Mesopotâmia e correndo na direção Norte-Sul. Ao "Nilo de baixo", o rio propriamente dito, contrapunha-se o "Nilo do alto", as nuvens pluviais.

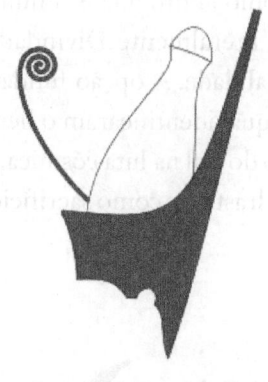

A coroa faraônica *Sekhemti* (Dupla Poderosa) compunha-se da coroa branca do Alto Egito (vale do Nilo) e da coroa vermelha do Baixo Egito (Delta). Desenho de Jeff Dahl

O simbolismo de *maat* também era dual. Maat era representada como duas deusas idênticas, os dois olhos de seu pai Rá, em cuja barca navegava de um horizonte a outro. Maat, como filha de Rá-Hórus e expressão da ordem, opunha-se às potestades do caos, como Seth e a serpente Apófis, às enfermidades, animais peçonhentos, demônios, bárbaros invasores e todos que se rebelassem contra a autoridade divina do faraó.

Na tradição hebraico-cristã, no centro do Jardim do Deleite há duas árvores: a Árvore da Vida, cujo fruto se poderia e deveria comer, e a árvore da ciência do bem e do mal, habitáculo da serpente ambígua. Essas árvores são ícones de duas perspectivas complementares na relação com o mundo sensível: "Os pais acima citados[251] sugerem que pelas duas árvores devemos entender um único e mesmo mundo: visto através da mente movida pelo espírito, esse mundo é a Árvore da Vida, que nos coloca em contato com Deus; mas visto e utilizado por uma consciência separada da mente movida pelo espírito, ele representa a árvore do conhecimento do bem e do mal, que separa o ser humano de Deus".[252]

O Cristianismo "é baseado na concepção filosófica de duas ordens de ser, distintas não pela sucessão no tempo, mas pela maior ou menor medida de realidade que possuem. Há a ordem de realidade pura, transcendente e eterna, que é o próprio pensamento de Deus e há a ordem empírica, que é real somente enquanto expressa a ordem eterna. O mundo em vários níveis – a criação mais básica, o ser humano, a humanidade espiritualmente iluminada – expressa uma crescente penetração da ordem inferior pela superior, uma crescente dominância da luz sobre as trevas, do ser sobre o não-ser, da verdade sobre o erro".[253]

Naturalidade

No Taoismo a ordem cósmica se encontra claramente expressa como espontaneidade e naturalidade. O cosmo segue o Tao, que segue a si mesmo de modo natural e espontâneo. O Confucionismo, que historicamente resultou em formalidade e rigidez, não o era em seus princípios e intenções. A etiqueta não deveria ser formal e vazia, mas sim o caminho do reencontro da espontaneidade primeva e da virtude, atualização das virtuosidades naturais, consideradas positivas.

---

251. Basílio de Cesareia (c. 330-379), Máximo Confessor (c. 580-662), Nicetas Stetatos (século XI) e Gregório Palamas (1296-1359).
252. STANILOAE, D. *The Experience of God*, v. 2, p. 166-167.
253. DODD, C. H. *The Interpretation of the Fourth Gospel*, p. 295.

No seio da civilização japonesa medieval floresceu a Verdadeira Escola da Terra Pura, cujo conceito de *shinjin* (信心), por vezes traduzido de forma dúbia como "fé", significa literalmente "coração puro", o qual nasce naturalmente da ação sem esforço do Voto de Amida, ação essa que gera a recitação do nome búdico (*nembutsu*) como gesto de gratidão.

Na Índia clássica *Dharma* descreve o sustentáculo de um ente, sua substância a partir da qual se apresenta o *sva-dharma*, as características próprias desse ente, o dever e o destino adequados a sua natureza.

Maat é o justo lugar de cada ser no concerto geral que é o universo do antigo Egito, que se mostra naturalmente ordenado e harmônico. A deusa Maat é a personificação dessa ordem e harmonia.

A Sabedoria (*Chokmah*) da Bíblia hebraica é interpretada no Cristianismo ortodoxo como uma energia incriada que provém natural e espontaneamente da essência divina.[254]

"Mais ágil que todo movimento é a Sabedoria, ela atravessa e penetra tudo graças à sua pureza. Ela é o sopro do poder de Deus, uma irradiação límpida da glória do Onipotente e assim nenhuma mancha pode insinuar-se nela. Ela é uma efusão da luz eterna, o espelho puríssimo da atividade de Deus e uma imagem de sua bondade."[255]

Inefabilidade

Entre os astecas Ometeotl era a personificação da ordem cósmica (*teotl*) e é caracterizada como *Noite e Vento*, invisibilidade da noite e intangibilidade do ar. Ao localizar a morada de Ometeotl no mais alto dos céus da estrutura universal o pensamento mexica enfatiza sua transcendência.

Na visão taoista a realidade última, o Curso (Tao), é inacessível ao pensamento racional e discursivo, como no início do *Tao Te Ching*:

---

254. LOSSKY, V. *The Mystical Theology of the Eastern Church*, 1976, p. 80-81.
255. *Sabedoria* 7: 25-26.

"O curso discursável não é o Curso.
O nome denominável não é o Nome".

O Dharma indiano é intemporal e transcendente, mas se autorrevela nos Vedas, tornando-se até certo ponto inteligível aos sacerdotes e eruditos brâmanes.

Amon-Rá pode ver sua filha Maat e compartilhar da plenitude de sua presença por toda a eternidade, mas outros deuses, inclusive o faraó, assim como os sumos sacerdotes e altos magistrados, dispõem apenas de um contato indireto com ela.

Os *me* sumerianos são descritos como insondáveis e intocáveis ao vulgo, acessíveis apenas a seres diferenciados como deuses, reis e altos sacerdotes. Eles se manifestam nos diferentes *me* das coisas e instituições.

No Cristianismo ortodoxo, a essência divina é incognoscível, mas as energias eternas incriadas que dela irradiam podem e devem ser conhecidas.[256]

Elaborar a Ordem Cósmica

Elaborar é confirmar com o trabalho, colaborar, coordenar. Uma das concepções fundamentais da visão de mundo de várias civilizações antigas é que a ordem cósmica é, ao mesmo tempo, o fundamento da estabilidade do mundo natural e a base das instituições sociais. Algumas dessas civilizações como a Suméria desapareceram há milhares de anos, enquanto o império chinês persistiu até o início do século XX.

No desenvolvimento histórico das quatro disciplinas que constituem o ápice da experiência intelectual humana, Arte, Ciência, Filosofia e Religião, em três delas não há progresso.

---

256. LOSSKY, V. Uncreated Energies. *In*: *The Mystical Theology of the Eastern Church*, 1976, p. 67-90.

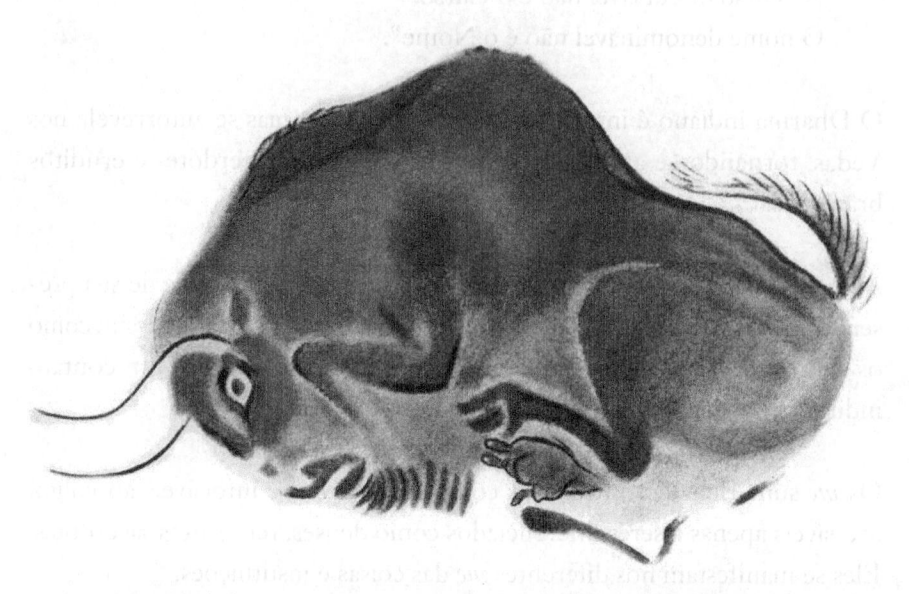

Pintura de bisonte na caverna de Altamira, Espanha, 15.000 a.C.

Após visitar a célebre caverna espanhola, Pablo Picasso comentou: "Depois de Altamira tudo é decadência".

Por definição a Religião revelada não experimenta progresso.

Quanto à Filosofia, "o modo mais seguro de caracterizar de forma geral a tradição filosófica do Ocidente é que ela consiste em uma série de notas de rodapé à obra de Platão".[257]

Na Ciência o progresso é evidente. "O desenvolvimento das ciências modernas é uma história surpreendente de sucesso. Seria insensato negar a estupenda complexidade das novas perspectivas a que o rigor da pesquisa científica nos tem permitido o acesso. Mas as conquistas da Ciência não devem nos seduzir a pensar que as ciências naturais e em particular a Física são o paradigma que deve guiar explorações de toda a realidade."[258]

---
257. WHITEHEAD, A. N. *Process and Reality*, p. 39.
258. JAEGER, L. *Cosmic Order and Divine Word*.

No Ocidente a ideia de ordem cósmica surge relacionada a conceitos hebraicos como estatuto (*choq* קֹח) e sabedoria (*chokmah* הםכח), assim como ao grego *logos*, culminando na concepção hebraico-cristã de um Logos transcendente e incriado presente nas criaturas em suas razões de ser (*logoi*). A Ciência pode ser vista até certo ponto como um desenvolvimento dessas doutrinas, análogas ao que se denominou cientificamente de leis da Natureza até Newton (1643-1727). A partir de meados do século XVIII as leis da Natureza deixaram de refletir a presença do transcendente no imanente.

"O triunfo da mecânica de Newton acabou por liquidar com seu próprio ideal científico. Efetivamente, Newton e seus contemporâneos estavam à espera de outro tipo de revolução científica. [...] Na perspectiva desses autores [259] um método como esse deveria incorporar a um Cristianismo não confessional a tradição hermética e as ciências naturais, vale dizer, a Medicina, a Astronomia e a Mecânica. Essa síntese, na verdade, constituía uma nova criação cristã, comparável aos resultados brilhantes obtidos pelas integrações anteriores do platonismo, do aristotelismo e do neoplatonismo. Esse tipo de 'conhecimento' sonhado e parcialmente elaborado no século XVIII representa a última tentativa feita na Europa cristã para chegar ao 'conhecimento integral'."[260]

Posteriormente a Ciência se desenvolveu na direção do deísmo, do ateísmo, do determinismo e do inteterminismo, até que princípios metafísicos e o ponto de vista ético passaram a ser irrelevantes.

O argumento de que armas nucleares e outras são produzidas por engenheiros e não por cientistas é uma falácia tragicômica, como demonstra o Projeto Manhattan. Os cientistas que as planejam e implementam não estão em busca de ordem, mas do contrário. A missão da Ciência não é somente estudar a ordem do mundo, mas também mantê-la.

---

259. Paracelso (1493-1541), John Dee (1527-1608), Robert Fludd (1574-1637), Johannes Valentinus Andreae (1586-1654) e John Amos Comenius (1592-1670).
260. ELIADE, M. *História das Crenças e das Ideias Religiosas*, tomo III, 1984, p. 297.

"IHVH Deus colocou o ser humano no Jardim do Deleite para o guardar e preservar."[261]

A incidência da ideia de ordem cósmica em uma civilização não traz em si mesma a garantia de pacifismo e benevolência. Povos antigos, como os maias e tibetanos, foram idealizados até serem descobertas suas práticas aviltantes, inclusive a agressão ao meio ambiente, mas eles não dispunham do poder de destruir o mundo como os cientistas possuem. A intuição tradicional a respeito do envolvimento íntimo da humanidade com a ordem universal é uma verdade incontestável, pois a ecologia do planeta como astro habitável depende do ser humano. A participação dos seres humanos na manutenção da ordem cósmica é fundamental, sendo ética a abordagem que concorra para a estabilidade dinâmica do mundo natural. Já uma abordagem contrária à ordem cósmica não seria ética e comprometeria essa estabilidade.

Ao se lançar ativamente um bumerangue, algum tempo depois recebe-se passivamente sua reação e ele retorna com a mesma força com que foi lançado.[262] Se o bumerangue em questão fosse uma catástrofe ecológica ou atômica a ordem do mundo estaria comprometida e os efeitos da desordem sobre os seres humanos seriam ponderáveis a ponto de comprometer sua sobrevivência.

A consciência de conceitos milenares registrados historicamente pode concorrer para que o desenvolvimento científico confirme a ordem cósmica e seja humanizante. Esses conceitos formam um conjunto coerente de conhecimento sobre a ordem cósmica, um patrimônio de todos os seres humanos, que ao se conscientizarem dele passam a dispor do arbítrio de confirmar ou não a ordem cósmica em suas ações, agirem ou não com Ética.

---

261. *Gênesis* 2: 15.
262. SPROVIERO, M. B. *O Legismo na Unificação Política da China*, p. 97.

BIBLIOGRAFIA

ALLEN, Percy Stafford; JOHNSON, John de Monins. *Transactions of the Third International Congress for the History of Religions*. Oxford: Clarendon Press, 1908.

BARKER, Margaret. *Creation*: a Biblical Vision for the Enviroment. Londres e Nova Iorque: T&T Clark, 2010.

BARKER, M. *The Great High Priest*. Londres e Nova Iorque: T&T Clark, 2006.

BARKER, M. *Temple Theology*. Londres: SPCK, 2004.

BENVENISTE, Émile. *Le Vocabulaire des Institutions Indo-Européennes*. Paris: Minuit, 1969.

BLACK, Jeremy et al. *The Electronic Text Corpus of Sumerian Literature*. Universidade de Oxford.

BRONOWSKI, Jacob. *Science and Human Values*. Nova Iorque: Harper & Row, 1972.

CARDOSO, Ciro Flamarion. *O Egito Antigo*. São Paulo: Brasiliense, 1982.

COE, Michael Douglas. *Breaking the Maya Code*. Harmondsworth: Penguin, 1994.

COE, M. D. *Mexico*: from the Olmecs to the Aztecs. Londres: Thames and Hudson, 2008.

COOMARASWAMY, Ananda Keith. *The Bugbear of Literacy*. Middlesex: Perennial, 1977.

COOMARASWAMY, A. K. *Metaphysics*. Princeton: Princeton University Press, 1987.

COOMARASWAMY, A. K. *Traditional Art and Symbolism*. Princeton: Princeton University Press, 1986.

COOPER, Jean Campbell. *La Philosophie du Tao*. St. Jean de Braye: Dangles, 1977.

DAUMAS, François. *La Civilisation de l'Égypte Pharaonique*. Paris: Arthaud, 1967.

DAY, John. *Wisdom in Ancient Israel*. Cambridge: Cambridge University Press, 1998.

DIAS de Deus, Jorge (org.). *A Crítica da Ciência*. Rio de Janeiro: Zahar, 1979.

DODD, Charles Harold. *The Interpretation of the Fourth Gospel*. Cambridge: Cambridge University Press, 1998.

DRIOTON, Étienne *et al*. *Les Religions de l'Orient Ancien*. Paris: Artheme Fayard, 1957.

DUCHEYNE, Steffen. The General Scholium: Some Notes on Newton's Published and Unpublished Endeavours. *Lias*: Sources and Documents Relating to the Early Modern History of Ideas, v. 33, Amsterdam, 2006, p. 223-274.

ELIADE, Mircea. *Histoire des Croyances et des Idées Religieuses*. Paris: Payot, 1976-1983.

ELIADE, M. *The Quest*: History and Meaning in Religion. Chicago: University of Chicago, 1984.

ERNOUT, Alfred; MEILLET, Antoine. *Dictionnaire Étymologique de la Langue Latine*. Paris: Klinck-Sieck, 1967.

FERNÁNDEZ, Justino. *Coatlicue, Estética del Arte Indígena Antiguo*. Cidade do México: Centro de Estudos Filosóficos, 1959.

FRANKFORT, Henri. *La Royauté et les Dieux*. Paris: Payot, 1951.

GERSON, Lloyd (ed.). *The Cambridge Companion to Plotinus*. Cambridge: Cambridge University Press, 1996.

GLASENAPP, Helmut von. *El Budismo, una Religión sin Diós*. Barcelona: Barral, 1974.

GONÇALVES, Ricardo Mario. *A Ética Budista e o Espírito Econômico do Japão*. São Paulo: Elevação, 2007.

GONÇALVES, R. M. Considerações sobre o Culto de Amida no Japão Medieval. São Paulo: Universidade de São Paulo. *Coleção da Revista de História*, v. 40, 1975.

GONÇALVES, R. M. *Textos Budistas e Zen-budistas*. São Paulo: Cultrix, 1976.

GONÇALVES, R. M. Um Apocalipse Budista Sino-Indiano do Século IV. *Anais* da VII Reunião da SBPH. São Paulo: Sociedade Brasileira de Pesquisa Histórica, 1988.

GONÇALVES, R. M. *Uma Obra de Ética Econômica Budista do Japão Pré-Industrial*: Estudo sobre o Banmin Tokuyô de Suzuki Shôsan (1579-1655). São Paulo: Departamento de História da Universidade de São Paulo, 1977.

GRANET, Marcel. *La Pensée Chinoise*. Paris: Albin Michel, 1974.

GRUENSCHLOSS, Andreas. Aztec religion and nature. *Encyclopedia of Religion and Nature*.

GUÉNON, René. *Introducción General al Estudio de las Doctrinas Hindues*. Buenos Aires: Losada, 1945.

GUÉNON, R. *Symboles Fondamentaux de la Cience Sacrée*. Paris: Gallimard, 1962.

GUÉNON, R. *The Lord of the World*. Moorcote: Coombre Springs, 1983.

HEMPEL, Carl Gustav. *Philosophy of Natural Science*. Englewood Cliffs: Prentice-Hall, 1966.

HEUSCH, Luc de et al. Le Pouvoir et le Sacré. Bruxelas: Université Libre de Bruxelles, *Annales du Centre d'Étude dês Religions*, v. 1, 1962.

HOLTON, Gerald. *The Scientific Imagination*: Case Studies. Londres: Cambridge University Press, 1973.

HOUSTON, Stephen D. (ed.). *The First Writing*: Script Invention as History and Process. Cambridge: Cambridge University Press, 2004.

IRENAEUS. *The Demonstration of the Apostolic Preaching*. Londres: Society for Promoting Christian Knowledge; Nova Iorque: Macmillan, 1920.

JAEGER, Lydia. *Vivre dans un Monde Créé*. Paris: GBU, 2007.

JAEGER, L. Cosmic order and Divine Word. *In*: HARPER, Charles (ed.). *Spiritual Information*: 100 Perspectives. Conshohocken: John Templeton Foundation, 2004.

JOHN OF DAMASCUS. The Orthodox Faith. *St. John of Damascus Writings*. The Fathers of the Church, v. 37. Washington, 1981.

JUNG, Carl Gustav. *The Collected Works of C. G. Jung*. Princeton: Princeton University Press, 1957-1979.

KNELLER, George F. *Science as a Human Endeavor*. Nova Iorque: Columbia University Press, 1978.

KRAMER, Samuel Noah. *The Sumerians*: Their History, Culture and Character. Chicago: The University of Chicago Press, 1963.

LAKATOS, Imre; MUSGRAVE, Alan. *Criticism and the Growth of Knowledge*. Cambridge: Cambridge University Press, 1999.

LEHMANN, Henri. *Les Civilisations Précolombiennes*. Paris: PUF, 1965.

LEÓN-PORTILLA, Miguel. *La Filosofía Náhuatl Estudiada en sus Fuentes*. Cidade do México: Universidad Autónoma de México, 2006.

LEÓN-PORTILLA, M. *Los Antiguos Mexicanos*. Cidade do México: Fondo de Cultura Económica, 1968.

LOSSKY, Vladimir. *The Mystical Theology of the Eastern Church*. Crestwood: St. Vladimir's Seminary Press, 1976.

LOSSKY, V. *The Vision of God*. Crestwood: St. Vladimir's Seminary Press, 1983.

LOSSKY, V. *Orthodox Theology*: an Introduction. Crestwood: St. Vladimir's Seminary Press, 1978.

MAFFIE, James. Aztec Philosophy. *Internet Encyclopedia of Philosophy*, 2005.

MESLIN, Michel. *Le Christianisme dans l'Empire Romain*. Paris: PUF, 1970

MESLIN, M. *L'Homme Romain*: des Origines au Ier Siècle de Notre Ère. Bruxelas: Complexe, 2001.

MILLS, Martin A. *Identity, Ritual and State in Tibetan Buddhism*. Londres: Routledge, 2003.

MONIER-WILLIAMS, Monier. *A Sanskrit-English Dictionary*. Delhi: Motilal Banarsidass, 1976.

MONTENEGRO, Lilian Proença de Menezes. *"Dyuta", "Dharma"* – Dever Divino, Glória Guerreira: Aspectos Linguísticos e Semânticos no Dyutaparvan do Mahabharata. Dissertação (Mestrado) – Universidade de São Paulo, São Paulo, 1984.

MORENZ, Siegfried. *La Religion Égyptienne*. Paris: Payot, 1962.

MURRAY, Robert. *The Cosmic Covenant*: Biblical Themes of Justice, Peace and the Integrity of Creation. Londres: Sheed and Ward, 1992.

NEEDHAM, Joseph. *Science & Civilisation in China*. Cambridge: Cambridge University Press, 1954-2008.

NEEDHAM, J.; RONAN, Colin Alistair. *The Shorter Science & Civilisation in China*. Cambridge: Cambridge University Press, 1988. v. 1.

NEEDHAM, J.; GWEI-DJEN, Lu. *Trans-Pacific Echoes & Resonances*. Cingapura: World Scientific, 1984.

NEWTON, Isaac. *The Mathematical Principles of Natural Philosophy*. Tradução: Andrew Motte. Londres, 1729.

NEWTON, I. *Opticks or a Treatise of the Reflexions, Refractions, Inflexions and Colours of Light*. Londres: Royal Society, 1730.

OLDENBERG, Hermann. *La Religion du Véda*. Paris: Félix Alcan, 1903.

OLIVEIRA, Josenir Alcântara de. Etimologia e Lexicografia Etimológica Hodierna. *Cadernos do Congresso Nacional de Linguística e Filologia – CNLF*, série IV, n° 10, 2000. p. 140-7.

PALLIS, Marco. *A Buddhist Spectrum*. Londres: George Allen & Unwin, 1980.

PARAIN, Brice (dir.). *El Pensamiento Prefilosófico y Oriental*. Madri: Siglo XXI, 1972.

PELIKAN, Jaroslav. *Mary Through the Centuries*: Her Place in the History of Culture. New Haven: Yale University Press, 1988.

PELIKAN, J. *Whose Bible is it?* Nova Iorque: Penguin, 2006.

PHILO. *The Works of Philo Judaeus*. Tradução: Charles Duke Yonge. Londres: H. G. Bohn, 1854-1890.

POPPER, Karl. *Conjectures and Refutations*. Londres: Routledge, 2002.

POPPER, K. *Objective Knowledge*. Oxford: Clarendon Press, 1972.

POPPER, K. *The Open Society and its Enemies*: the Spell of Plato. Princeton: Princeton University Press, 1971.

PROKURAT, Michael; GOLITZIN, Alexander; PETERSON, Michael D. *Historical Dictionary of the Orthodox Church*. Lanham: Scarecrow, 1996.

PSEUDO-ARISTOTELES. *De Mundo*.

PUECH, Henri-Charles. *Histoire des Religions*. Paris: Pleiade, 1972. v. 1.

REALE, Giovanni. *Storia della Filosofia Antica, in cinque volumi*. Milão: Vita e Pensiero, 1975-1980

RHYS DAVIDS, Thomas William. *Buddhist India*. Londres: T. Fisher Unwin, 1911.

RHYS DAVIDS, T. W. Cosmic Law in Ancient Thought. *Journal of the Pali Text Society*. Londres: Pali Text Society, 1919.

RHYS DAVIDS, T. W.; FOLEY, Caroline Augusta. *Dialogues of the Buddha*. Londres: Oxford University Press, 1921. v. 3.

RHYS DAVIDS, T. W. *Dialogues of the Buddha*. Londres: Oxford University Press, 1899. v. 1.

RUNIA, David Theunis. *Philo in Early Christian Literature*. Assen: Van Gorcum; Minneapolis: Fortress Press, 1993.

SILBURN, Lilian. *Instant et Cause*: le Discontinu dans la Pensée Philosophique de l'Inde. Paris: J. Vrin, 1955.

SIREN, Christopher. *Sumerian Mythology*, 2000.

SKEAT, Walter W. *The Concise Dictionary of English Etymology*. Worsworth: Ware, 1995.

SNOBELEN, Stephen D. "God of Gods, and Lord of Lords": The Theology of Isaac Newton's General Scholium to the Principia. *Osiris*, Chicago, v. 16, n. 1, p. 169-208, 2001.

SOUSTELLE, Jacques. *La Pensé Cosmologique des Anciens Mexicains*. Paris: Hermann, 1940.

SPROVIERO, Mario Bruno. *O Legismo na Unificação Política da China (221 a.C.)*: Efetivação e supressão. Tese (Doutorado) – Universidade de São Paulo, São Paulo, 1984.

STANILOAE, Dumitru. *The Experience of God*. Brookline: Holy Cross Orthodox Press, 2000. v. 2.

STANILOAE, D. *The Liturgy of the Commnunity and the Liturgy of the Heart from the view-point of the Philokalia*. Crawley: The monsastery of the Holy Trinity, 1989.

THUNBERG, Lars. *Microcosm and Mediator*. La Salle: Open Court, 1995.

VACCARI, Oreste; VACCARI, Enko Elisa. *Pictorial Chinese-Japanese Characters*. Tōquio: Vaccari's Language Institute, 1968.

VANDIER-NICOLAS, Nicole. La Filosofia China desde los Orígenes Hasta el Siglo XVII. *In*: PARAIN, Brice. *El Pensamiento Prefilosófico y Oriental*. Madri: Siglo XXI, 1972.

WANG Yangming. *Instructions for Practical Living and other Neo-Confucian Writings*. Nova Iorque: Columbia University Press, 1963.

WHITEHEAD, Alfred North. *Process and Reality*. Nova Iorque: Free Press, 1979.

WIEGUER, Léon. *Chinese Characters*. Nova Iorque: Dover, 1965.

WILSON, John. *The Culture of Ancient Egypt*. Chicago: University of Chicago Press, 1957.

YONGE, Charles Duke. *The Works of Philo Judaeus the contemporary of Josephus, translated from the Greek*. Londres: H. G. Bohn, 1854-1890.

YOUNG, Robert (trad.). *Revised version of the Old and the New Testament*. Edinburgo, 1898.

YOYOTTE, Jean et al. *História de la Filosofia*. Madri: Siglo XXI, 1972. v. 1.

Este livro foi composto em Janson Text LT Std 10,5 pt
e impresso pela gráfica Meta em papel Offset 75 g/m².